全球水电行业
年度发展报告

2017

国家水电可持续发展研究中心 编

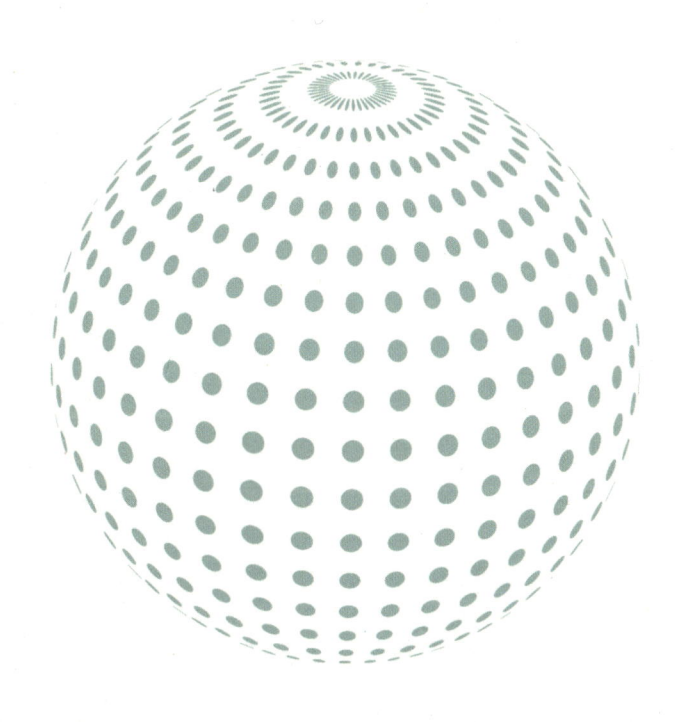

中国水利水电出版社
www.waterpub.com.cn
·北京·

内 容 提 要

本书是国家水电可持续发展研究中心编写的首份全球水电行业年度发展报告，全面梳理了 2000 年以来全球水电行业装机容量和发电量的演变趋势，系统分析了 2016 年全球水电行业发展现状；剖析了全球各类坝型的大坝建设现状；从技术、成本、竞价、投资、融资、就业等方面，分析了全球水电行业的热点问题，并识别了全球水电经济与成本阈值。同时，选取美国和中国作为典型国家，分析了两国水电行业发展的历程、现状以及未来发展规划和愿景。

本书可供从事可再生能源及水利水电工程领域的技术和管理人员，以及大中专院校能源工程、能源管理、水利水电工程及公共政策分析等专业的教师和研究生参考。

图书在版编目（CIP）数据

全球水电行业年度发展报告. 2017 / 国家水电可持续发展研究中心编. -- 北京：中国水利水电出版社，2018.4
  ISBN 978-7-5170-6455-8

Ⅰ. ①全… Ⅱ. ①国… Ⅲ. ①水利电力工业－研究报告－世界－2017 Ⅳ. ①TV7

中国版本图书馆CIP数据核字(2018)第092525号

审图号：GS（2018）1727号

书　　名	**全球水电行业年度发展报告 2017** QUANQIU SHUIDIAN HANGYE NIANDU FAZHAN BAOGAO 2017
作　　者	国家水电可持续发展研究中心　编
出版发行	中国水利水电出版社 （北京市海淀区玉渊潭南路1号D座　100038） 网址：www.waterpub.com.cn E-mail：sales@waterpub.com.cn 电话：（010）68367658（营销中心）
经　　售	北京科水图书销售中心（零售） 电话：（010）88383994、63202643、68545874 全国各地新华书店和相关出版物销售网点
排　　版	中国水利水电出版社微机排版中心
印　　刷	天津嘉恒印务有限公司
规　　格	210mm×285mm　16开本　10.25印张　194千字
版　　次	2018年4月第1版　2018年4月第1次印刷
印　　数	0001—1000册
定　　价	**90.00元**

凡购买我社图书，如有缺页、倒页、脱页的，本社营销中心负责调换

版权所有·侵权必究

《全球水电行业年度发展报告2017》编委会

主　　任　汪小刚

副 主 任　张国新

主　　编　隋　欣

副 主 编　柳春娜　陈　昂

编　　委　吴赛男　彭期冬　靳甜甜　李海英

编写人员　（按姓氏笔画排序）
　　　　　卢　佳　卢　敏　李云鹫　李海英　吴赛男
　　　　　张　迪　陈　昂　陈　康　陈冬红　林俊强
　　　　　罗小林　柳春娜　高静文　隋　欣　彭期冬
　　　　　程冰清　曾癸森　靳甜甜　樊龙凤　薛耀东

序 PREFACE

　　水电是开发技术成熟、管理运行灵活的清洁低碳可再生能源,具有防洪、供水、航运、灌溉等综合利用功能,经济、社会、生态效益显著。水电与人类生产、生活密不可分,截至 2016 年年底,全球水电装机容量 12.38 亿千瓦,年发电量 40966 亿千瓦时,全球近 1/5 的电力来自水力发电,有 24 个国家 90% 以上的电力需求由水力发电提供,有 55 个国家水电比例达到 50% 以上,水电已经成为优化能源结构、实现节能减排、改善生态环境、应对全球气候变化的重要举措,未来全球的水电建设将展开一轮新的高潮。按发电量计算,全球水电开发程度约为 26%,发达国家开发程度总体较高,发展中国家开发程度普遍较低,中国水电开发程度为 37%,与发达国家相比仍有较大差距,还有较广阔的发展前景。

　　中国已进入经济发展新常态、生态文明建设新阶段、能源生产和消费革命新时期,积极发展水电是构建清洁低碳、安全稳定、经济高效现代能源体系的重要组成部分,是推动中国能源生产和消费革命,促进西部大开发和扶贫攻坚战略实施,推进节能减排目标承诺实现,落实党中央提出的绿色发展、建设生态文明和美丽中国的重要支撑。2016 年是实施水电发展"十三五"规划的开局之年,也是供给侧结构性改革的深化之年,中国水电行业面对新形势、新任务、新要求,秉持"创新、协调、绿色、开放、共享"五大发展理念,各项建设取得新成就。借着"一带一路"的东风,中国水电正在加快"走出去"的步伐,在扩大国内市场份额的同时也在积极走向国际市场,先后与 80 多个国家建立了水电规划、建设和投资的长期合作关系,形成了包括规划、设计、施工、装备制造、输变电等在内的全产业链整合能力,成为推动全球水电发展的重要力量。但与此同时,历经多年发展,水电行业发展也面临着诸多矛盾，一些新老问题交织并存，如生态环保压力不断加大，移民安置难度持续提高，水电开发经济性逐渐下降，电力供需局部过剩，弃水问题不断凸显，区域电网结构有待优化，输电网稳定运行压力持续增加，抽水蓄能规模亟待增加等。总之，中国"十三五"时期水电行业发展机遇与挑战并存，希望与困难同在，水电发展任重道远。面对全球水电发展的成功经验、出现的矛盾和问题，我们必须予以高度重视，认真进行总结，深入分析研究，推动水电行业持续健康发展。

国家水电可持续发展研究中心完成的《全球水电行业年度发展报告2017》，是在深入调查研究的基础上，分析总结全球水电行业发展状况的一次有益尝试，为中国经济社会发展和水电行业发展提供了良好的支持与服务。报告全面梳理总结了2016年全球水电行业发展状况，对全球水电发展趋势及重点进行了深入研判，内容丰富，资料翔实，对社会各界了解全球水电行业发展现状、把握发展态势，对中国水电行业可持续发展具有重要借鉴作用。希望国家水电可持续发展研究中心继续加强水电可持续发展战略研究，深入做好全球水电行业发展年度分析工作，及时、准确、客观地提出相关技术和政策研究成果，为推动中国水电行业的可持续发展作出新贡献。

2017年12月

致辞
SPEECH

党的十九大报告把对能源工作的要求放到"加快生态文明体制改革，建设美丽中国"的重要位置予以重点阐述，意义重大，影响深远，凸显了党中央对新时代能源转型和绿色发展的重大政治导向。新时代能源发展必须按照构建清洁低碳、安全高效能源体系的总要求，摒弃传统的粗放型、低效率、高消耗、高排放的能源生产、输送和消费方式，树立尊重自然、顺应自然、保护自然的生态文明理念，走能源绿色发展道路。

《全球水电行业年度发展报告2017》是国家水电可持续发展研究中心编制完成的首份全球水电行业发展年度报告，也是落实绿色发展理念，服务经济社会发展，参与全球能源治理体系建设，巩固和扩大水电国际合作的有益尝试。《全球水电行业年度发展报告2017》梳理分析了2016年全球水电行业发展状况和发展态势，力求系统全面，重点突出，为政府决策、企业和社会发展提供支持与服务。

希望国家水电可持续发展研究中心在中国经济发展进入新常态、新产业、新业态、新模式的环境下，准确把握新时代水电发展战略定位，深刻学习领会党的十九大对能源发展的战略部署，重点围绕建设社会主义现代化国家的宏伟目标，提出新时代水电可持续发展战略；进一步完善水电发展政策机制，发挥自身优势，推出更多更好的研究咨询新成果，以期打造精品，形成系列，客观真实地记录全球水电行业发展历程，科学严谨地动态研判行业发展趋势，服务于政府和企业，与社会各界共享智慧，共赢发展！

2017 年 12 月

前 言
FOREWORD

水电作为目前技术最成熟、最具开发性和资源量丰富的可再生能源，具有可靠、清洁、经济的优势，是优化全球能源结构、应对全球气候变化的重要措施，得到了绝大多数国家的积极提倡和优先发展。近年来，全球水电蓬勃发展，特色鲜明，水电装机容量和发电量稳步增长，节能减排目标逐步实现。

中国政府高度重视水电发展。党的十九大报告把对能源工作的要求放到"加快生态文明体制改革，建设美丽中国"的重要位置予以重点阐述，意义重大，影响深远，凸显了党中央对新时代能源转型和绿色发展的重大政治导向，体现了围绕建设社会主义现代化国家的宏伟目标，完善新时代水电能源发展战略、加快壮大水电能源产业的迫切需求。《水电发展"十三五"规划（2016—2020年）》明确提出："把发展水电作为能源供给侧结构性改革、确保能源安全、促进生态文明建设的重要战略举措，在保护好生态环境、妥善安置移民的前提下，积极稳妥发展水电。"

随着国际能源变革步伐加快，全球水电发展拉开新篇章。新常态下中国电力需求增速明显放缓，供需宽松呈现常态化趋势。在创新驱动发展战略和"一带一路"倡议的引领下，中国水电积极走向国际市场，统筹利用国内国际两种资源、两个市场，深化国际能源双边多边合作。因此，做好全球水电行业发展的年度分析研究，及时总结全球水电行业发展的成功经验、出现的矛盾和问题，认识和把握新常态下水电行业发展的新形势、新特征，对推动全球水电可持续发展和制定及时、准确、客观的水电行业发展政策具有重要的指导意义。

《全球水电行业年度发展报告2017》是国家水电可持续发展研究中心编写的首份全球水电行业年度发展报告，报告分7个部分，从全球水电行业发展，水电技术，气候变化，水电政策、金融、就业，美国和中国水电发展与展望等多个方面，对2016年全球水电行业发展状况进行了全面梳理、归纳和研究分析，在此基础上，深入剖析了水电行业的热点和焦点问题。在编写方式上，报告力求以客观准确的统计数据为支撑，基于国际可再生能源署（IRENA）、国际水电协会（IHA）、国际能源署（IEA）、世界银行（WB）、联合国环境规划署（UNEP）、美国能源部（USDOE）、国际大坝委员会（ICOLD）等机构最新发布的全球水电行业相关报告和数据，以简练的文字分析，并辅以图表，图文并茂、直观形象、凝聚焦点、突出重点，旨在方便阅读，利于查询和检索。

根据《国家及下属地区名称代码 第一部分：国家代码》（ISO 3166-1）、《国家及下属地区名称代码 第二部分：下属地区代码》（ISO 3166-2）、《国家及下属地区名称代码 第三部分：国家曾用名代码》（ISO 3166-3）和《世界各国和地区名称代码》（GB/T 2659—2000），本书划分了亚洲（东亚、东南亚、南亚、中亚、西亚）、美洲（北美、拉丁美洲和加勒比）、欧洲、非洲和大洋洲等10个大洲和地区。

本书所使用的计量单位，主要采用国际单位制单位和我国法定计量单位，部分数据合计数或相对数由于单位取舍不同而产生的计算误差，均未进行机械调整。

如无特别说明，本书各项中国统计数据不包含香港特别行政区、澳门特别行政区和台湾省的数据，水电装机容量和发电量数据均包含抽水蓄能数据。

报告在编写过程中，得到了能源行业行政主管部门、研究机构、企业和行业知名专家的大力支持与悉心指导，在此谨致衷心的谢意！我们真诚地希望，《全球水电行业年度发展报告2017》能够为社会各界了解全球水电行业发展状况提供参考。

因经验和时间有限，书中难免存在疏漏，恳请读者批评指正。

编者
2017年11月

目录

序

致辞

前言

2016 年全球水电行业发展概览 ································· 1

1　全球水电行业发展概况 ································· 9

1.1　全球水电现状 ································· 9
1.1.1　装机容量 ································· 9
1.1.2　发电量 ································· 12

1.2　常规水电现状 ································· 15

1.3　抽水蓄能现状 ································· 17

2　亚洲水电行业发展概况 ································· 19

2.1　东亚水电行业发展概况 ································· 19
2.1.1　东亚水电现状 ································· 19
2.1.2　常规水电现状 ································· 22
2.1.3　抽水蓄能现状 ································· 22

2.2　东南亚水电行业发展概况 ································· 25
2.2.1　东南亚水电现状 ································· 25
2.2.2　常规水电现状 ································· 28
2.2.3　抽水蓄能现状 ································· 28

2.3 南亚水电行业发展概况 ………………………………………………… 30
    2.3.1 南亚水电现状 ………………………………………………………… 30
    2.3.2 常规水电现状 ………………………………………………………… 32
    2.3.3 抽水蓄能现状 ………………………………………………………… 34

2.4 中亚水电行业发展概况 ………………………………………………… 35
    2.4.1 中亚水电现状 ………………………………………………………… 35
    2.4.2 常规水电现状 ………………………………………………………… 38
    2.4.3 抽水蓄能现状 ………………………………………………………… 39

2.5 西亚水电行业发展概况 ………………………………………………… 39
    2.5.1 西亚水电现状 ………………………………………………………… 39
    2.5.2 常规水电现状 ………………………………………………………… 41
    2.5.3 抽水蓄能现状 ………………………………………………………… 44

3 美洲水电行业发展概况 ………………………………………………… 45

3.1 北美水电行业发展概况 ………………………………………………… 45
    3.1.1 北美水电现状 ………………………………………………………… 45
    3.1.2 常规水电现状 ………………………………………………………… 47
    3.1.3 抽水蓄能现状 ………………………………………………………… 48

3.2 拉丁美洲和加勒比水电行业发展概况 ………………………………… 50
    3.2.1 拉丁美洲和加勒比水电现状 ………………………………………… 50
    3.2.2 常规水电现状 ………………………………………………………… 52
    3.2.3 抽水蓄能现状 ………………………………………………………… 54

4 欧洲、非洲和大洋洲水电行业发展概况 ……………………………… 56

4.1 欧洲水电行业发展概况 ………………………………………………… 56
    4.1.1 欧洲水电现状 ………………………………………………………… 57
    4.1.2 常规水电现状 ………………………………………………………… 60
    4.1.3 抽水蓄能现状 ………………………………………………………… 60

4.2 非洲水电行业发展概况 ………………………………………………… 63
    4.2.1 非洲水电现状 ………………………………………………………… 63
    4.2.2 常规水电现状 ………………………………………………………… 65

4.2.3　抽水蓄能现状 ………………………………………………… 68
4.3　大洋洲水电行业发展概况 ……………………………………………… 68
　　4.3.1　大洋洲水电现状 ……………………………………………… 68
　　4.3.2　常规水电现状 ………………………………………………… 70
　　4.3.3　抽水蓄能现状 ………………………………………………… 72

5　大坝建设与技术 ……………………………………………………… 74

5.1　坝高前 100 名大坝 ……………………………………………………… 74
5.2　库容前 100 名大坝 ……………………………………………………… 79
5.3　水电技术 ………………………………………………………………… 81
　　5.3.1　水电技术概览 ………………………………………………… 81
　　5.3.2　水电建设技术 ………………………………………………… 81
　　5.3.3　抽水蓄能技术 ………………………………………………… 83
5.4　应对气候变化的水电发展 ……………………………………………… 84

6　水电经济与就业 ……………………………………………………… 86

6.1　成本 ……………………………………………………………………… 86
　　6.1.1　建设成本 ……………………………………………………… 86
　　6.1.2　运营维护成本 ………………………………………………… 87
6.2　竞价机制 ………………………………………………………………… 87
　　6.2.1　竞价机制兴起 ………………………………………………… 87
　　6.2.2　全球水电竞价 ………………………………………………… 88
6.3　投资 ……………………………………………………………………… 89
　　6.3.1　大中型水电 …………………………………………………… 89
　　6.3.2　小型水电 ……………………………………………………… 89
6.4　融资 ……………………………………………………………………… 91
　　6.4.1　融资模式 ……………………………………………………… 91
　　6.4.2　融资案例 ……………………………………………………… 92
6.5　就业 ……………………………………………………………………… 92
　　6.5.1　大中型水电 …………………………………………………… 92
　　6.5.2　小型水电 ……………………………………………………… 94

7 美国和中国水电行业发展概况 ·········· 95

7.1 美国水电发展与愿景 ·········· 95
7.1.1 美国水电发展100年 ·········· 95
7.1.2 美国水电概况 ·········· 98
7.1.3 美国大坝增设发电设备潜力评估 ·········· 100
7.1.4 美国水能资源潜力综合评估 ·········· 101
7.1.5 美国2050年水电发展展望 ·········· 106

7.2 中国水电发展与愿景 ·········· 111
7.2.1 中国水电发展100年 ·········· 111
7.2.2 中国水电发展概况 ·········· 112
7.2.3 中国水电发展"十三五"规划 ·········· 116
7.2.4 中国可持续水电发展 ·········· 119

附表1 2016年全球各国（地区）水电数据统计 ·········· 122
附表2 全球水电装机容量前10名国家 ·········· 128
附表3 全球水电发电量前10名国家 ·········· 129
附表4 全球常规水电装机容量前10名国家 ·········· 130
附表5 全球抽水蓄能装机容量前10名国家 ·········· 131
附表6 全球坝高前100名大坝 ·········· 132
附表7 全球库容前100名大坝 ·········· 136
附图1 全球水电概览 ·········· 140
附图2 亚洲水电概览 ·········· 141
附图3 美洲水电概览 ·········· 142
附图4 欧洲水电概览 ·········· 144
附图5 非洲水电概览 ·········· 145
附图6 全球坝高前100名大坝分布示意图 ·········· 146
附图7 全球库容前100名大坝分布示意图 ·········· 147

参考文献 ·········· 148

2016 年全球水电行业发展概览

1 主要内容

《全球水电行业年度发展报告2017》（以下简称《年报2017》）全面梳理了2000年以来全球水电行业装机容量和发电量的演变趋势，系统分析了2016年全球水电行业发展现状。根据国际大坝委员会（ICOLD）2017年发布的World Register of Dams（世界水坝注册数据库），分析了全球各类坝型的大坝建设现状，并分别根据坝高和库容，统计分析了全球已建大坝的分区域状况。从技术、成本、竞价、投资、融资、就业等方面，分析了全球水电行业的热点问题，并识别了全球水电经济与成本阈值。同时，选取美国和中国作为典型国家，分析了两国水电行业发展的历程、现状以及未来发展规划和愿景。

2 数据来源

《年报2017》中2000—2015年和2016年常规水电与抽水蓄能电站的装机容量数据分别来源于国际可再生能源署（IRENA）数据库和国际可再生能源署最新发布的《Renewable Capacity Statistics 2017》（《可再生能源装机容量统计2017》）；2000—2015年和2016年全球水电发电量数据分别来源于国际可再生能源署数据库和国际水电协会（IHA）最新发布的《Hydropower Status Report 2017》（《水电现状报告2017》）。

以《Renewable Energy Statistics 2017》（《可再生能源统计2017》）中158个国家的水电数据为基础，结合《水电现状报告2017》增加的3个国家（土库曼斯坦、安道尔、格陵兰）的水电数据，《年报2017》统计分析了10个大洲和地区2000—2016年水电发展状况。国际可再生能源署、国际水电协会和《年报2017》统计的持有水电数据的国家分布情况见表1。

全球水电行业成本数据来源于《水电现状报告2017》和《可再生能源装机容量统计2017》，竞价数据来源于《Renewable Energy Auctions: Analysing 2016》（《可再生能源竞价分析报告2016》），投资数据来源于

《Global Trends in Renewable Energy Investments 2017》(《全球可再生能源投资趋势 2017》)，就业数据来源于《Renewable Energy and Jobs Annual Review 2017》(《可再生能源和就业报告 2017》)。

表 1　　　　　　　　　持有水电数据的国家分布情况

名　称	国际可再生能源署数据	国际水电协会数据	《年报2017》数据
全球	158	207	161
亚洲	32	43	36
美洲	31	39	32
欧洲	42	49	40
非洲	43	58	43
大洋洲	10	18	10

注　国际水电协会统计的 207 个国家中，仅 161 个国家具有水电数据，已全部纳入《年报 2017》；其余 46 个国家均无水电装机容量和发电量数据。

美国水电行业发展历程数据来源于美国能源部和美国垦务局公布的资料数据，发展愿景数据来源于美国能源部公布的《An Assessment of Energy Potential at Non-Powered Dams in the United States》(《美国非发电坝增设发电设备的潜力评估报告》) 和《New Stream-reach Development：A Comprehensive Assessment of Hydropower Energy Potential in the United States》(《新增流域发展报告：美国水能资源潜力综合评估报告》)、《Hydropower Vision：A New Chapter for America's 1st Renewable Electricity Source》(《水电愿景：美国第一大可再生能源电源的新篇章》)。中国水电行业数据来源于《中国电力发展报告 2016》。

3　水电行业概览

2016 年，全球水电发展良好，增长稳定。全球水电装机容量达到 12.38 亿千瓦，其中，抽水蓄能装机容量 1.57 亿千瓦；全球水电新增装机容量约 3510 万千瓦，其中抽水蓄能新增装机容量 557 万千瓦。全球水电发电量达到 40966 亿千瓦时，逐渐成为支撑可再生能源系统的重要能源 (见图 1~图 4)。

2016 年全球水电行业发展概览

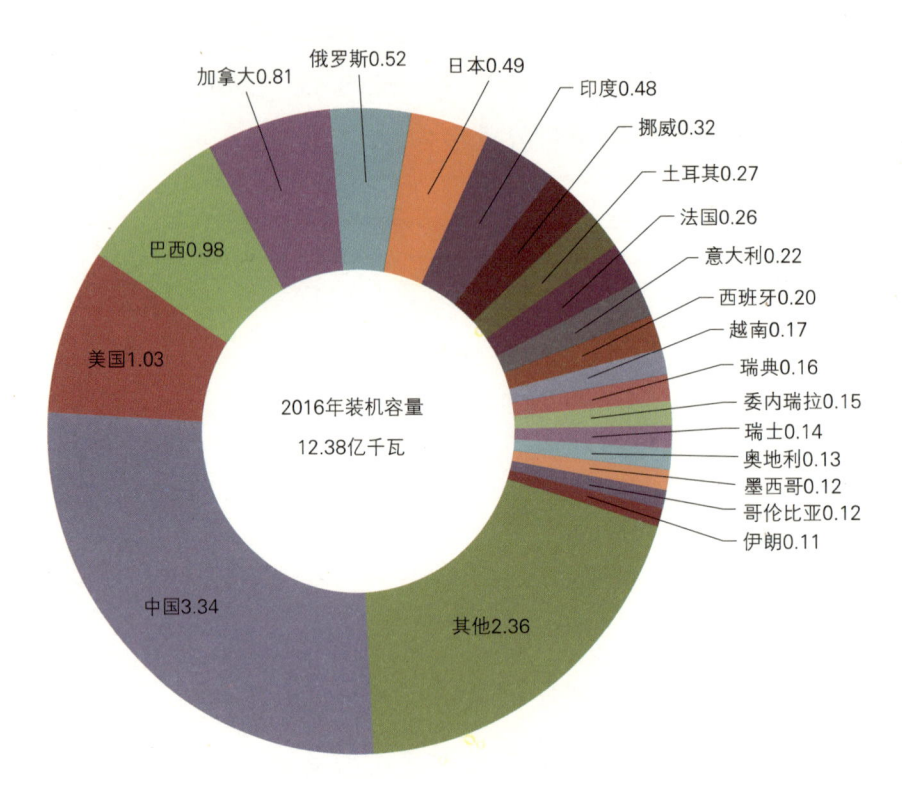

图 1 2016 年全球各国水电装机容量（各国数据单位：亿千瓦）

2016年装机容量 12.38亿千瓦

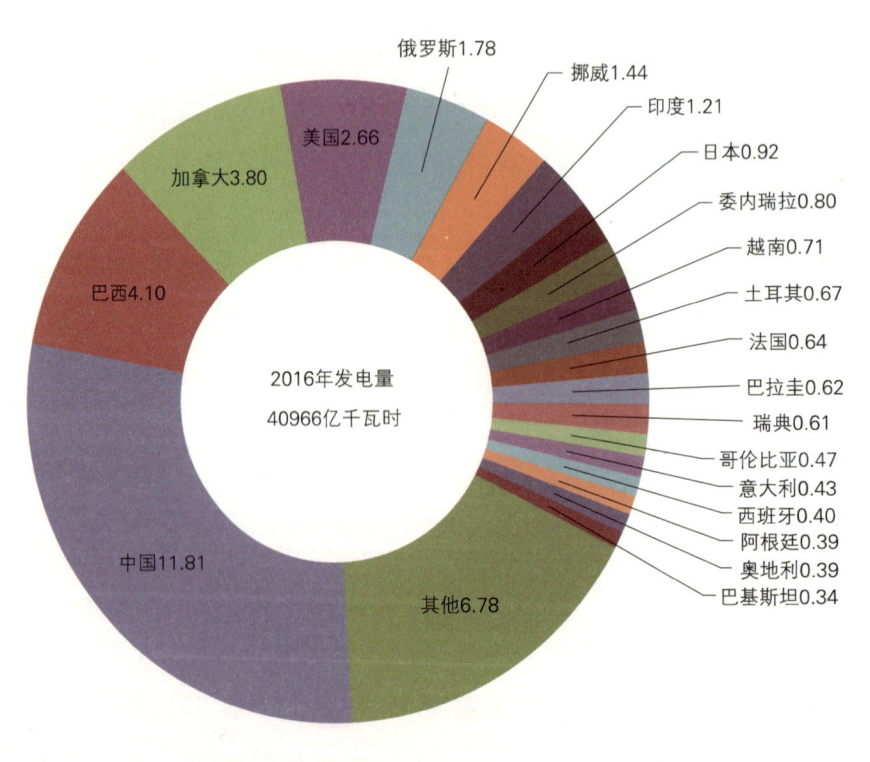

- 加拿大 0.81
- 俄罗斯 0.52
- 日本 0.49
- 印度 0.48
- 挪威 0.32
- 土耳其 0.27
- 法国 0.26
- 意大利 0.22
- 西班牙 0.20
- 越南 0.17
- 瑞典 0.16
- 委内瑞拉 0.15
- 瑞士 0.14
- 奥地利 0.13
- 墨西哥 0.12
- 哥伦比亚 0.12
- 伊朗 0.11
- 巴西 0.98
- 美国 1.03
- 中国 3.34
- 其他 2.36

图 2 2016 年全球各国水电发电量（各国数据单位：10^3 亿千瓦时）

2016年发电量 40966亿千瓦时

- 俄罗斯 1.78
- 挪威 1.44
- 印度 1.21
- 日本 0.92
- 委内瑞拉 0.80
- 越南 0.71
- 土耳其 0.67
- 法国 0.64
- 巴拉圭 0.62
- 瑞典 0.61
- 哥伦比亚 0.47
- 意大利 0.43
- 西班牙 0.40
- 阿根廷 0.39
- 奥地利 0.39
- 巴基斯坦 0.34
- 美国 2.66
- 加拿大 3.80
- 巴西 4.10
- 中国 11.81
- 其他 6.78

2016年全球水电行业发展概览

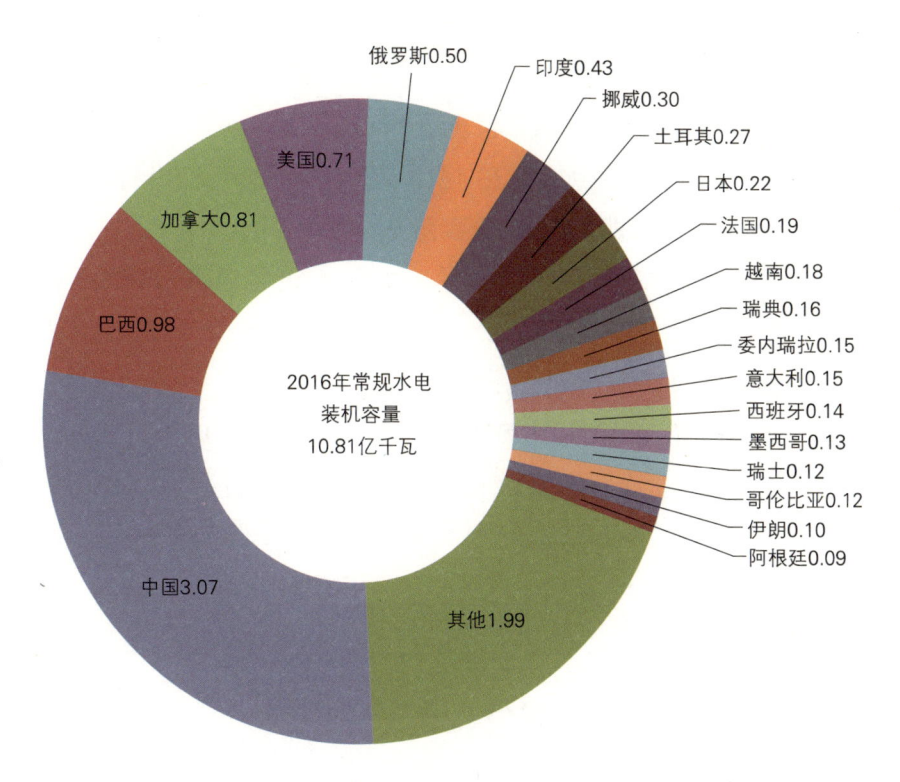

图3 2016年全球各国常规水电装机容量（各国数据单位：亿千瓦）

俄罗斯0.50　印度0.43　挪威0.30　土耳其0.27　日本0.22　法国0.19　越南0.18　瑞典0.16　委内瑞拉0.15　意大利0.15　西班牙0.14　墨西哥0.13　瑞士0.12　哥伦比亚0.12　伊朗0.10　阿根廷0.09　美国0.71　加拿大0.81　巴西0.98　中国3.07　其他1.99

2016年常规水电装机容量 10.81亿千瓦

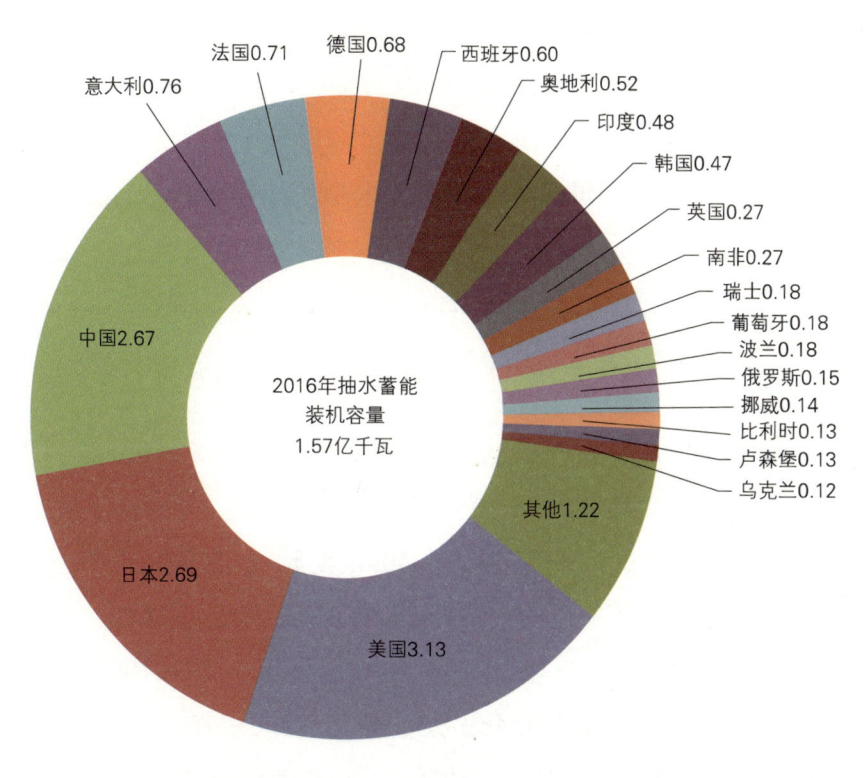

图4 2016年全球各国抽水蓄能装机容量（各国数据单位：10^{-1}亿千瓦）

法国0.71　德国0.68　西班牙0.60　奥地利0.52　印度0.48　韩国0.47　英国0.27　南非0.27　瑞士0.18　葡萄牙0.18　波兰0.18　俄罗斯0.15　挪威0.14　比利时0.13　卢森堡0.13　乌克兰0.12　意大利0.76　中国2.67　日本2.69　美国3.13　其他1.22

2016年抽水蓄能装机容量 1.57亿千瓦

5

2016 年全球水电行业发展概览

2016 年全球水电行业装机容量和发电量大数据

- 全球水电发电量达到 40966 亿千瓦时。
- 全球水电装机容量达到 12.38 亿千瓦，新增水电装机容量 3510 万千瓦，包括抽水蓄能新增装机容量 557 万千瓦。
- 中国再次引领全球水电行业发展，水电装机容量 3.34 亿千瓦，新增水电装机容量 1274 万千瓦，包括抽水蓄能新增装机容量 398 万千瓦，发电量 11807 亿千瓦时，均居全球首位。
- 新增水电装机容量较高的其他国家包括巴西（595 万千瓦）、厄瓜多尔（202 万千瓦）、埃塞俄比亚（187 万千瓦）、加拿大（154 万千瓦）、南非（134 万千瓦）和印度（133 万千瓦）。

2016 年全球水电大坝大数据

- 全球坝高前 100 名大坝中，亚洲数量最多，达到 52 座。我国锦屏一级拱坝是全球同类坝型中第一高坝，坝高 305 米。
- 全球库容前 100 名大坝中，美洲数量最多，达到 45 座。欧文瀑布水库为全球库容最大的水库，总库容 2048 亿立方米。
- 全球坝高前 100 名大坝中，51% 建于 2000 年后；全球库容前 100 名大坝中，1950—1980 年期间建成大坝占比达 59%。

2016 年全球水电行业发电成本大数据

- 大型水电建设成本每千瓦 1050～7650 美元（6907～50322 元），年度运营维护成本每千瓦 45 美元（296 元）。
- 小型水电建设成本每千瓦 1000～4000 美元（6578～26312 元），年度运营维护成本每千瓦 40～50 美元（263～329 元）。
- 微型水电建设成本每千瓦 3400～10000 美元（22367～65785 元），年度运营维护成本每千瓦 45～250 美元（296～1644 元）。
- 抽水蓄能电站建设成本每千瓦 2000～4000 美元（13157～26314 元）。

2016 年全球水电行业发展概览

2016 年全球可再生电力竞价大数据

- 2005—2016 年，全球采用电力竞价机制的国家数量由 6 个增至 67 个。
- 2016 年全球风电和光伏发电招标价格大幅下跌。
- 2016 年水电开始进入全球竞价招标市场，最低招标价格分别为风电、光伏发电的 1.64 倍和 1.54 倍。

2016 年全球水电行业投资和就业大数据

- 全球大型水电投资 232 亿美元（1526 亿元），占当年全球可再生能源投资总额的 49%；小型水电投资 35 亿美元（230 亿元），与上一年度持平。
- 全球大型水电提供就业岗位 152 万个，占当年可再生能源就业岗位的 15.5%；小型水电提供就业岗位 21.2 万个，较上一年度增长 4%。

美国水电行业状况与发展愿景

- 2016 年美国水电装机容量 10272 万千瓦，同比增速 0.40%。
- 2016 年美国抽水蓄能装机容量 3129 万千瓦，同比增速 0.30%。
- 2016 年美国水电发电量 2664 亿千瓦时，占美国电力行业总发电量的 6.5%，占美国可再生能源发电量的 43.6%。
- 据美国能源部测算，通过现有大坝增加发电设备，可实现全国水电装机容量增长 1206 万千瓦，相当于 2016 年美国常规水电装机容量的 16.9%。
- 美国能源部公布：根据美国水能资源潜力综合评估成果，考虑生态环境约束因素，美国 300 多万条河流的水电蕴藏量可达 6541 万千瓦，相当于 2016 年美国常规水电装机容量的 78%。
- 根据美国能源部发布的一项研究成果，2050 年美国水电装机容量可增加 4830 万千瓦，相当于 2016 年美国水电总装机容量的 47%。

2016 年中国水电行业发展大数据

- 2016 年中国常规水电装机容量 30696 万千瓦，增速持续放缓，同比增速 2.9%。
- 中国常规水电是非化石能源的主体，占非化石能源发电量的 67.6%。
- 2016 年中国抽水蓄能装机容量 2669 万千瓦，增速显著提高，同比增速 15.9%。

1

全球水电行业发展概况

1.1 全球水电现状

1.1.1 装机容量

截至2016年年底，全球水电装机容量12.38亿千瓦，约占全球能源装机容量的18.5%，占全球可再生能源装机容量的61.2%。

2000—2016年，全球水电装机容量持续较快增长，但增幅逐步减缓，年均增速2.9%。2016年，全球水电装机容量同比增速2.9%，比2015年增长3510万千瓦，相对2000年提升了58.9%（见图1.1）。

全球水电装机容量持续增长

全球水电装机容量
12.38亿千瓦
↑ 2.9%

图1.1 2000—2016年全球水电装机容量及同比变化
数据来源：《可再生能源装机容量统计2017》

全球水电开发持续向东亚集中

东亚水电装机容量占比 31.9%

截至 2016 年年底，东亚、欧洲、北美以及拉丁美洲和加勒比 4 个区域的水电装机容量均超过 1 亿千瓦（见图 1.2），占全球水电装机容量的 83.0%。其中，东亚水电装机容量 39521 万千瓦，占全球水电装机容量的 31.9%（见图 1.3）。

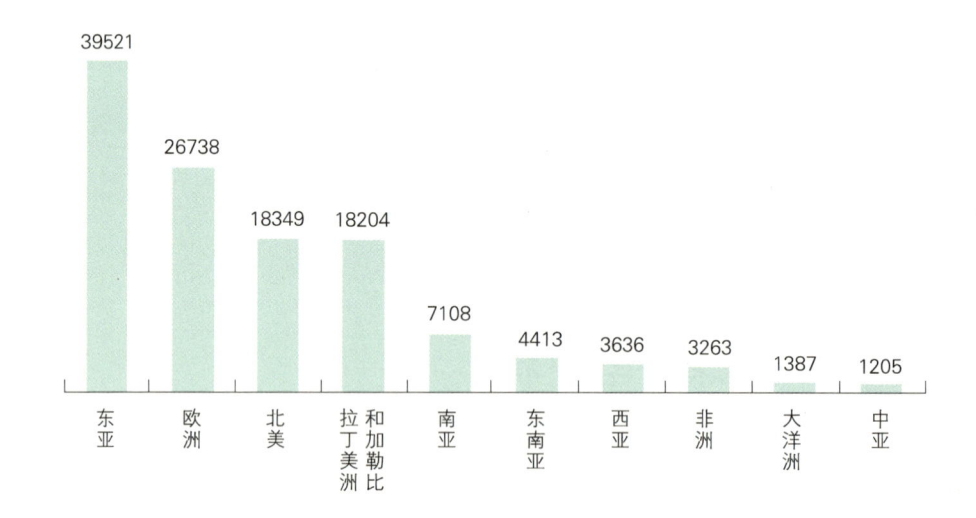

各区域数据（万千瓦）：
- 东亚：39521
- 欧洲：26738
- 北美：18349
- 拉丁美洲和加勒比：18204
- 南亚：7108
- 东南亚：4413
- 西亚：3636
- 非洲：3263
- 大洋洲：1387
- 中亚：1205

图 1.2　2016 年全球各区域水电装机容量（单位：万千瓦）
数据来源：《可再生能源装机容量统计 2017》

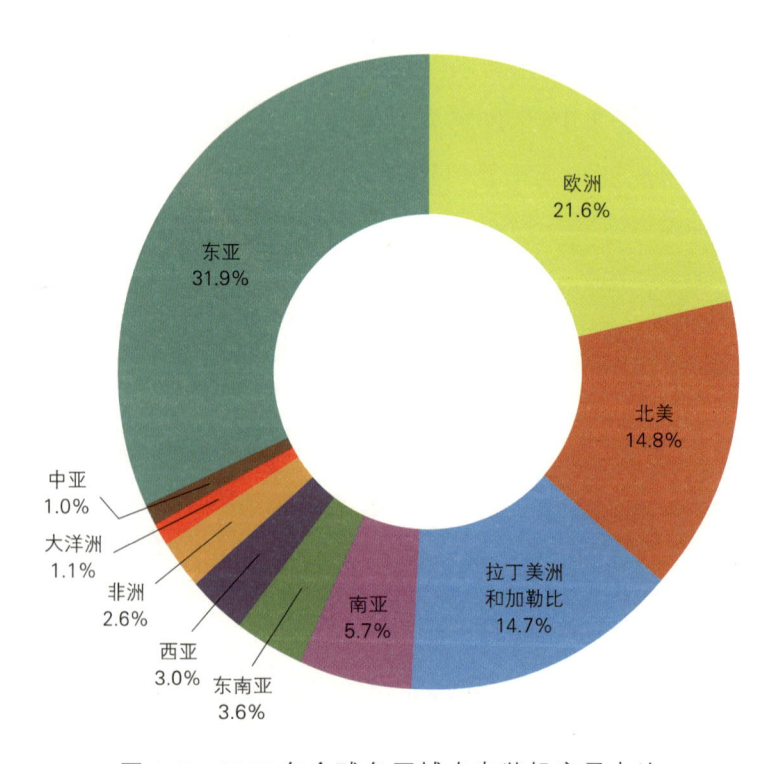

各区域占比：
- 东亚 31.9%
- 欧洲 21.6%
- 北美 14.8%
- 拉丁美洲和加勒比 14.7%
- 南亚 5.7%
- 东南亚 3.6%
- 西亚 3.0%
- 非洲 2.6%
- 大洋洲 1.1%
- 中亚 1.0%

图 1.3　2016 年全球各区域水电装机容量占比

2000—2016 年，东亚水电装机容量占全球水电装机容量的比例增长 14.7 个百分点，欧洲和北美水电装机容量占比分别降低 8.9 个百分点和 6.5 个百分点。相对 2000 年，东亚水电装机容量增长 2.9 亿千瓦，占全球水电装机容量增幅的 56.9%，增速达到 195.1%，位于各区域首位。东南亚水电装机容量虽然基数较小，增速确高达 164.4%；欧洲和北美增长较缓，增速仅为 12.7% 和 10.3%；大洋洲的水电装机容量呈现负增长，降速为 6.6%（见图 1.4 和表 1.1）。

> 2000 年以来东亚水电装机容量
>
> 约增长 2 倍

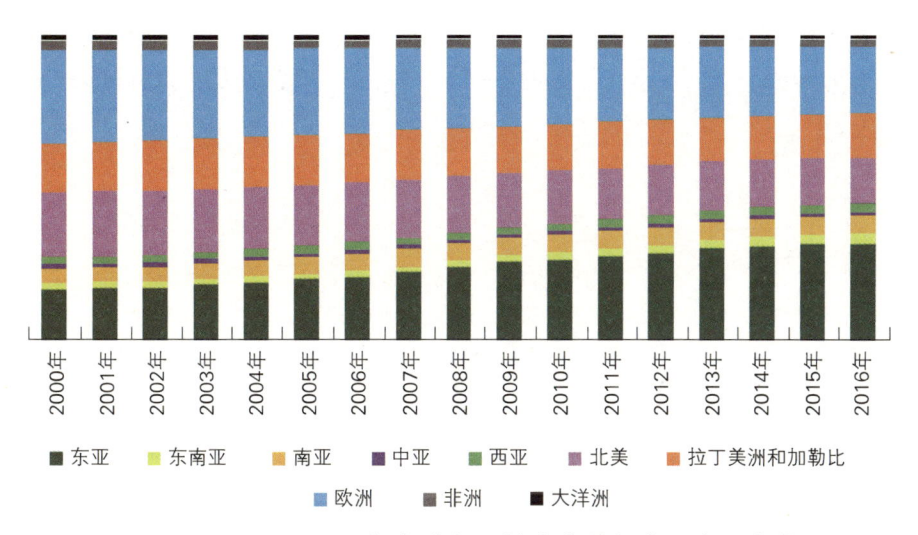

图 1.4　2000—2016 年全球各区域水电装机容量占比变化

表 1.1　2016 年全球各区域水电装机容量及发电量

区域		装机容量/万千瓦	发电量/亿千瓦时	常规水电装机容量/万千瓦	抽水蓄能装机容量/万千瓦
中文	英文				
东亚	Eastern Asia	39521	12877	33691	5830
东南亚	South-eastern Asia	4413	1583	4242	171
南亚	Southern Asia	7108	1896	6525	583
中亚	Central Asia	1205	496	1205	0[①]
西亚	Western Asia	3636	883	3612	24
北美	Northern America	18349	6463	15203	3146
拉丁美洲和加勒比	Latin America and the Caribbean	18204	7646	18106	98
欧洲	Europe	26738	7608	21296	5442
非洲	Africa	3263	1074	2943	320
大洋洲	Oceania	1387	440	1313	74
合计		123824	40966	108136	15688

注　数据来源：《可再生能源装机容量统计 2017》《可再生能源统计 2017》《水电现状报告 2017》。

① 中亚各国中仅土库曼斯坦开发建设了抽水蓄能电站，实际装机容量为 0.1 万千瓦。

1.1.2 发电量

发电量企稳回升
电量 40966 亿千瓦时
2.8%↑

水电发电量占非化石能源发电量的比例逐年下降

截至 2016 年年底,全球水电发电量 40966 亿千瓦时,同比增速 2.8%,比 2015 年增长 1166 亿千瓦时。2016 年,全球水电发电量约占全球能源总发电量的 16.5%,占全球可再生能源发电量的 67.4%。

2007 年以来,随着光伏发电、风力发电、生物质能发电等可再生能源发电技术的日趋成熟,水电发电量占非化石能源发电量的比例逐年下降,相对 2007 年,2016 年回落了 21.9 个百分点(见图 1.5)。

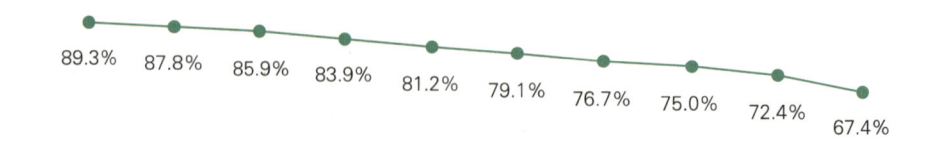

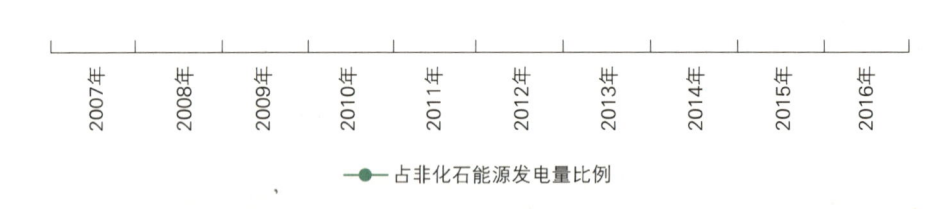

年份	占非化石能源发电量比例
2007年	89.3%
2008年	87.8%
2009年	85.9%
2010年	83.9%
2011年	81.2%
2012年	79.1%
2013年	76.7%
2014年	75.0%
2015年	72.4%
2016年	67.4%

图 1.5 2007 年以来全球水电发电量占非化石能源发电量比例
数据来源:《可再生能源统计 2017》《水电现状报告 2017》

2000—2016 年,全球水电发电量持续增长,年均增速 2.6%。2015 年,全球水电发电量同比增速 −0.1%,为 2004 年以来的最低水平。2016 年,全球水电发电量相对 2000 年提升了 51.9%(见图 1.6)。

相对 2000 年
东亚发电量增长 2.8 倍
欧洲发电量减少 1.5%

2000—2016 年期间,东亚发电量增长 2.8 倍,达到 12877 亿千瓦时,增速排名和发电量排名均居全球首位;东南亚发电量增速排名第二,2016 年发电量比 2000 年增长 2.1 倍;西亚发电量增速排名第三,2016 年发电量比 2000 年增长 1 倍;南亚、非洲、拉丁美洲和加勒比、中亚发电量增速分别为 78.9%、36.8%、29.9% 和 20.5%;大洋洲和北美的发电量增长缓慢,增速仅为

图 1.6 2000—2016 年全球水电发电量及同比变化
数据来源：《可再生能源统计 2017》《水电现状报告 2017》

2.5% 和 1.2%；欧洲是唯一负增长的区域，降速为 1.5%。

截至 2016 年年底，东亚、拉丁美洲和加勒比、欧洲、北美 4 个区域的水电发电量均超过 5000 亿千瓦时（见图 1.7），4 个区域的水电发电量占全球水电发电量的 84.4%。其中，东亚水电发电量最高，占全球水电发电量的 31.4%（见图 1.8），比 2015 年提升了 0.6 个百分点。

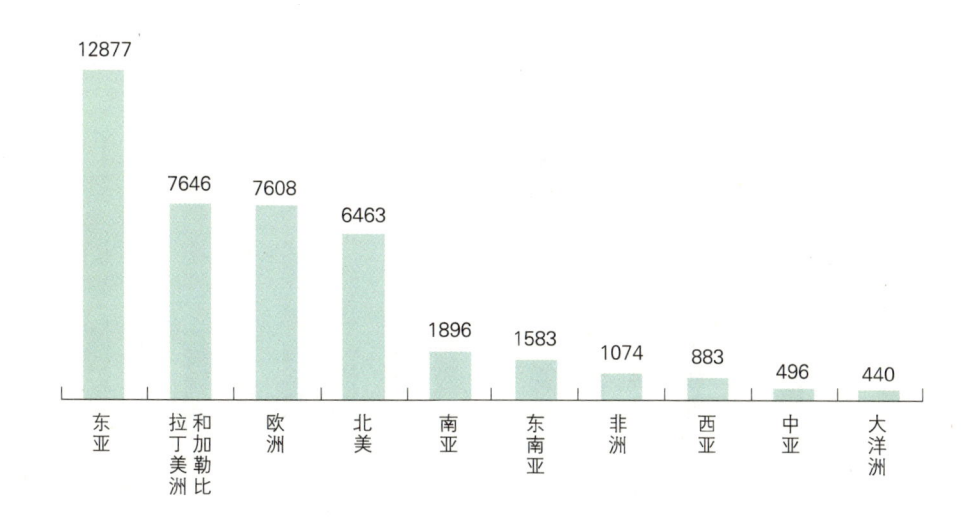

图 1.7 2016 年全球各区域水电发电量（单位：亿千瓦时）
数据来源：《可再生能源统计 2017》《水电现状报告 2017》

2000—2016 年期间，东亚水电发电量占全球水电发电量的比例增长 18.8 个百分点，欧洲和北美水电发电量占比分别降低 10 个百分点和 7.8 个百分点（见图 1.9）。

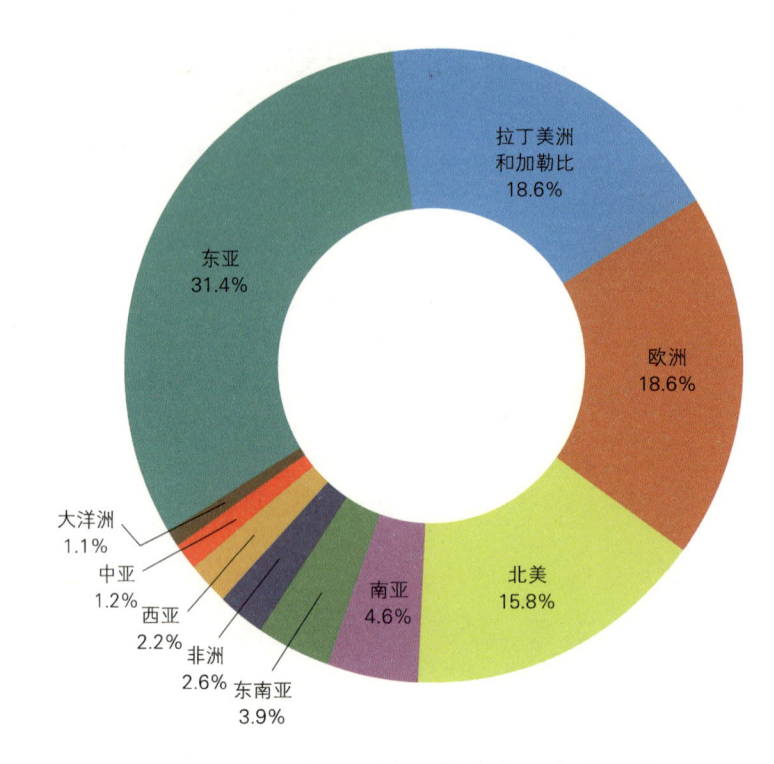

图 1.8 2016 年全球各区域水电发电量占比

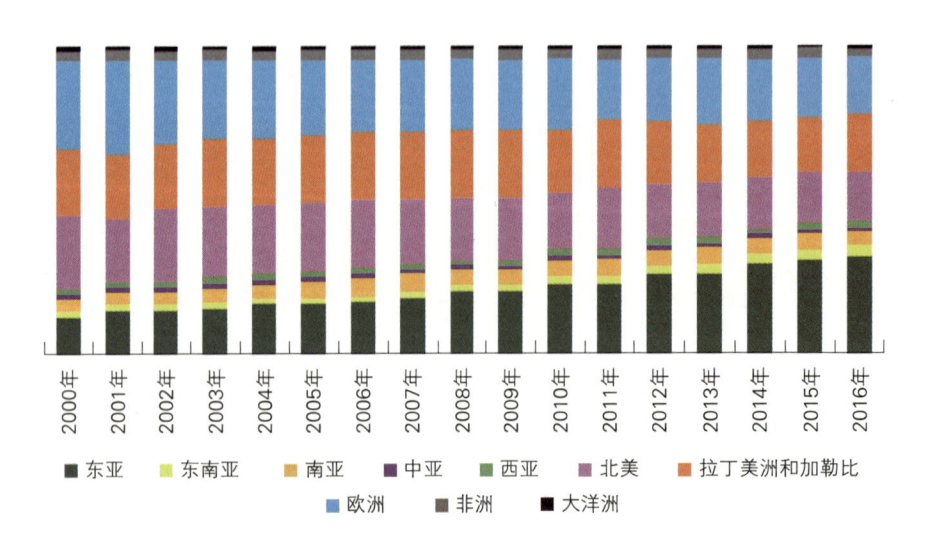

图 1.9 2000—2016 年全球水电发电量占比变化

1.2 常规水电现状

截至2016年年底，全球常规水电装机容量10.81亿千瓦，约占全球水电装机容量的87.2%；2016年全球常规水电装机容量同比增速2.8%，较上一年度增长3013万千瓦（见图1.10）。

常规水电装机容量增速下降

常规水电装机容量

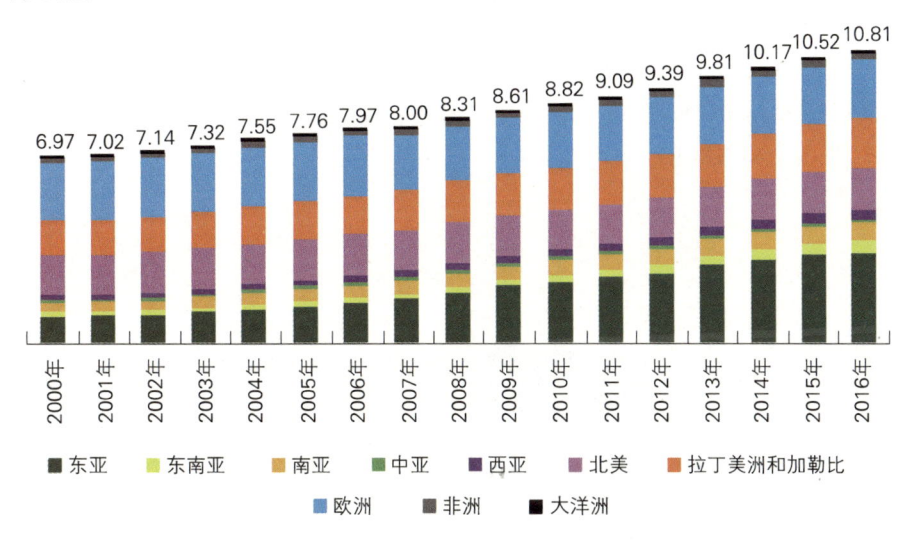

↑2.8%

图1.10 2000—2016年全球常规水电装机容量及同比变化
（单位：亿千瓦）

2000—2016年，全球常规水电装机容量持续增长，2013年同比增速4.5%，为2000年以来的最高水平。

截至2016年年底，东亚、欧洲、拉丁美洲和加勒比、北美4个区域的常规水电装机容量均超过1亿千瓦，占全球常规水电装机容量的81.8%（见图1.11）。其中，东亚常规水电装机容量33691万千瓦，占全球常规水电装机容量的31.2%（见图1.12）。

相对2000年，2016年东亚常规水电装机容量增长23388万千瓦，占同期全球常规水电装机容量增幅的60.8%，位居全球之首。

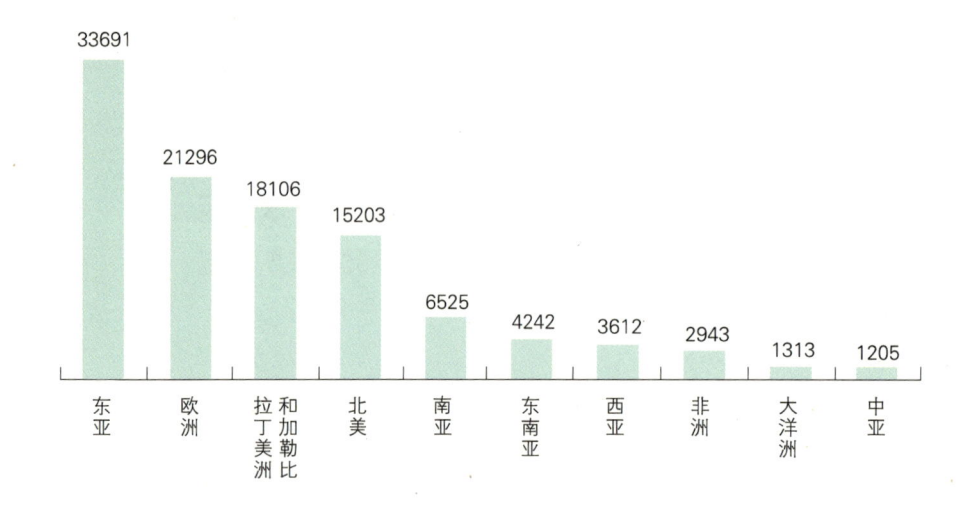

图 1.11 2016 年全球各区域常规水电装机容量（单位：万千瓦）

数据来源：《可再生能源装机容量统计 2017》

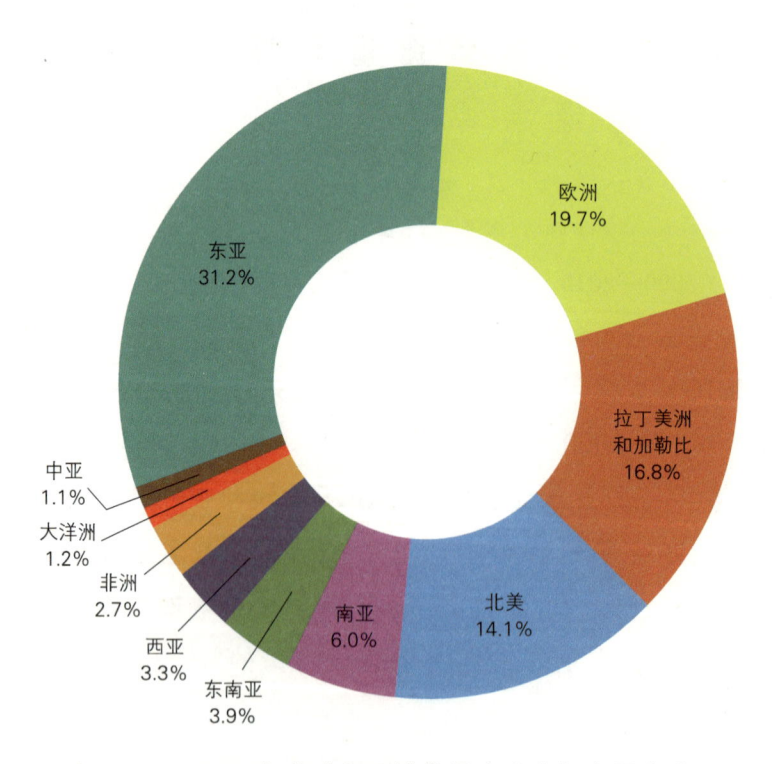

图 1.12 2016 年全球各区域常规水电装机容量占比

1.3 抽水蓄能现状

截至 2016 年年底，全球抽水蓄能装机容量 1.57 亿千瓦，约占全球水电装机容量的 12.7%；全球抽水蓄能装机容量同比增速 3.7%，较上一年度增长 557 万千瓦，为 2012 年以来的最高水平（见图 1.13）。

抽水蓄能装机容量持续增长

抽水蓄能装机容量
↑ 3.7%

图 1.13 2000—2016 年全球抽水蓄能装机容量及同比变化
数据来源：《可再生能源装机容量统计 2017》

2000—2016 年，全球抽水蓄能装机容量持续较快增长，年均增速 4.1%，相对 2000 年，2016 年全球抽水蓄能装机容量提升了 91.5%。

随着可再生能源的发展，近年来抽水蓄能市场快速增长。与 2000 年相比，2016 年全球抽水蓄能装机容量增加了 7447 万千瓦，增速为 90.8%；南亚增速最大，高达 279.3%；非洲增速排名第二，为 128.3%；欧洲增速为 115.2%；东南亚、东亚和北美增速分别为 97.0%、88.7% 和 59.7%。

截至 2016 年年底，东亚、欧洲、北美 3 个区域的抽水蓄能装机容量均超过 3000 万千瓦（见图 1.14），占全球抽水蓄能装机容量的 92.0%。其中，东亚抽水蓄能装机容量 5830 万千瓦，占全球抽水蓄能装机容量的 37.2%（见图 1.15）。

相对 2000 年，2016 年欧洲抽水蓄能装机容量增长 2913 万千瓦，占同期全球增幅的 39.1%，位居全球之首。

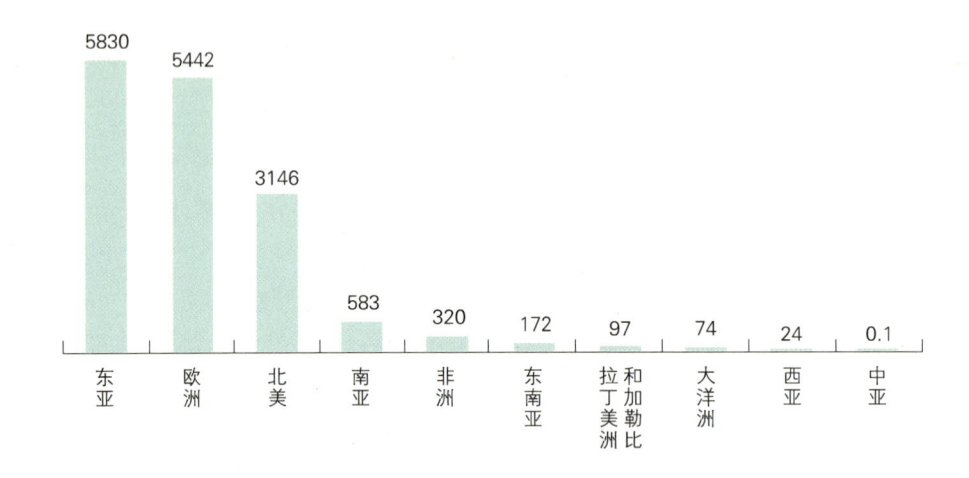

图 1.14　2016 年全球各区域抽水蓄能装机容量（单位：万千瓦）

数据来源：《可再生能源装机容量统计 2017》

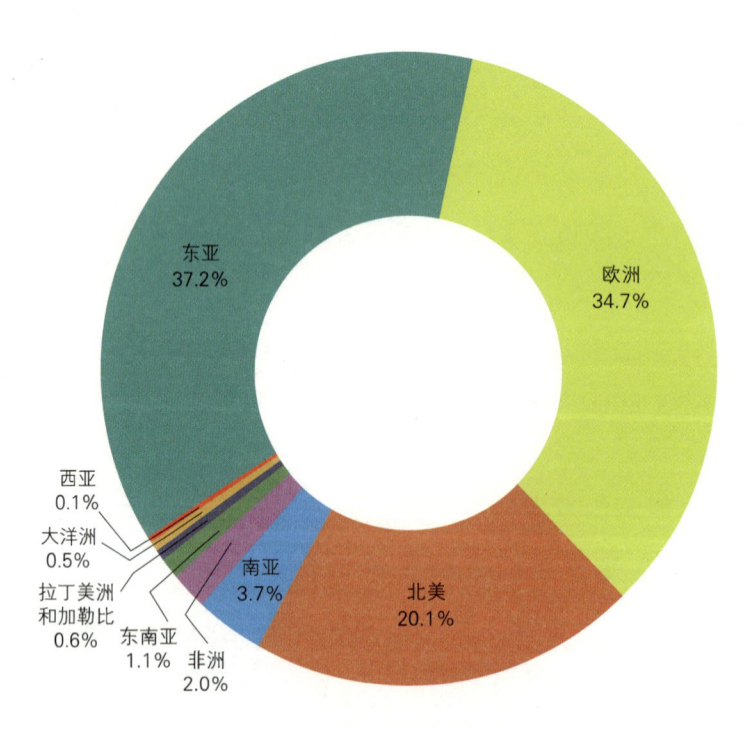

东亚 5830，欧洲 5442，北美 3146，南亚 583，非洲 320，东南亚 172，拉丁美洲和加勒比 97，大洋洲 74，西亚 24，中亚 0.1

图 1.15　2016 年全球各区域抽水蓄能装机容量占比

东亚 37.2%，欧洲 34.7%，北美 20.1%，南亚 3.7%，非洲 2.0%，东南亚 1.1%，拉丁美洲和加勒比 0.6%，大洋洲 0.5%，西亚 0.1%

2 亚洲水电行业发展概况

2.1 东亚水电行业发展概况

2.1.1 东亚水电现状

2.1.1.1 装机容量

截至2016年年底，东亚水电装机容量3.95亿千瓦，约占亚洲水电装机容量的70.7%；比2015年增长1289万千瓦，其中新增水电装机容量的98.8%来自中国。

2000—2016年，东亚水电装机容量持续较快增长，年均增长1633万千瓦，年均增速7.0%；2008年，东亚水电装机容量同比增速11.8%，为2000年以来的最高水平。2008年以来，东亚水电装机容量增长放慢；2016年，东亚水电装机容量同比增速3.4%，为2003年以来的最低水平（见图2.1）。

截至2016年年底，中国和日本的水电装机容量均超过1000万千瓦（见图2.2），占东亚水电装机容量的96.9%。其中，中国水电装机容量占东亚水电装机容量的84.4%（见图2.3），比2015年新增水电装机容量1274万千瓦。

2.1.1.2 发电量

2016年，东亚水电发电量$12.9×10^3$亿千瓦时，位居全球之首，比2015年新增水电发电量615亿千瓦时。

东亚水电装机容量持续增长

东亚水电装机容量
↑ 3.4%

中国水电装机容量领跑东亚

中国水电装机容量占比
84.4%

图 2.1　2000—2016 年东亚水电装机容量及同比变化

数据来源：《可再生能源装机容量统计 2017》

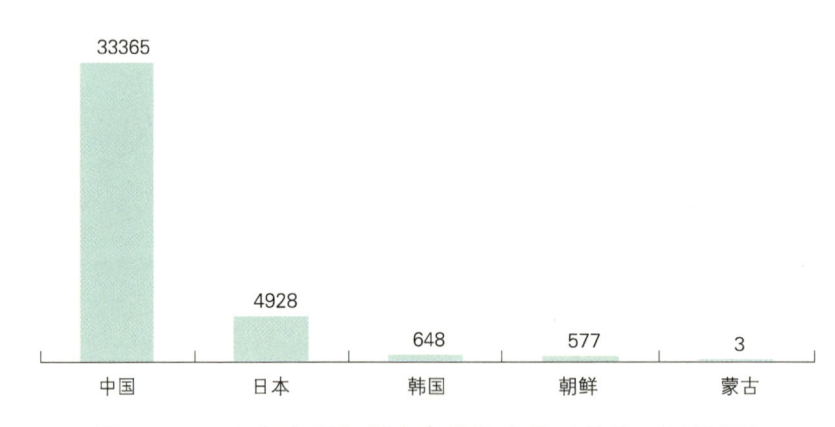

图 2.2　2016 年东亚各国水电装机容量（单位：万千瓦）

数据来源：《可再生能源装机容量统计 2017》

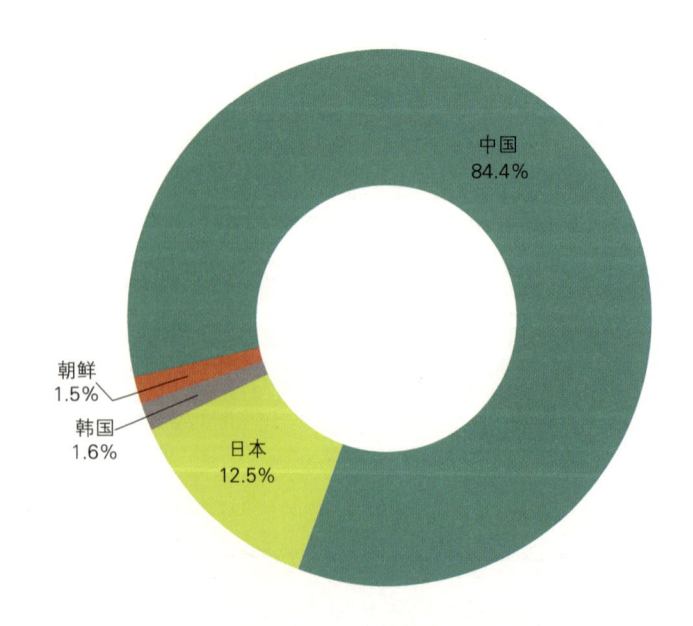

图 2.3　2016 年东亚各国水电装机容量占比

2000—2016年，东亚水电发电量持续增长，年均增长592亿千瓦时，年均增速8.7%。2012年，东亚水电发电量同比增速19.0%，为2000年以来的最高水平。2016年，东亚水电发电量同比增速5.0%，低于年均增速（见图2.4）。

东亚水电发电量持续增长

东亚水电发电量

↑ **5.0%**

图2.4　2000—2016年东亚水电发电量及同比变化
数据来源：《可再生能源统计2017》《水电现状报告2017》

2016年，中国和日本的水电发电量均超过500亿千瓦时（见图2.5），占东亚水电发电量的98.8%。其中，中国水电发电量11807亿千瓦时，占东亚水电发电量的91.7%（见图2.6）。

中国水电发电量领跑东亚

中国水电发电量占比

91.7%

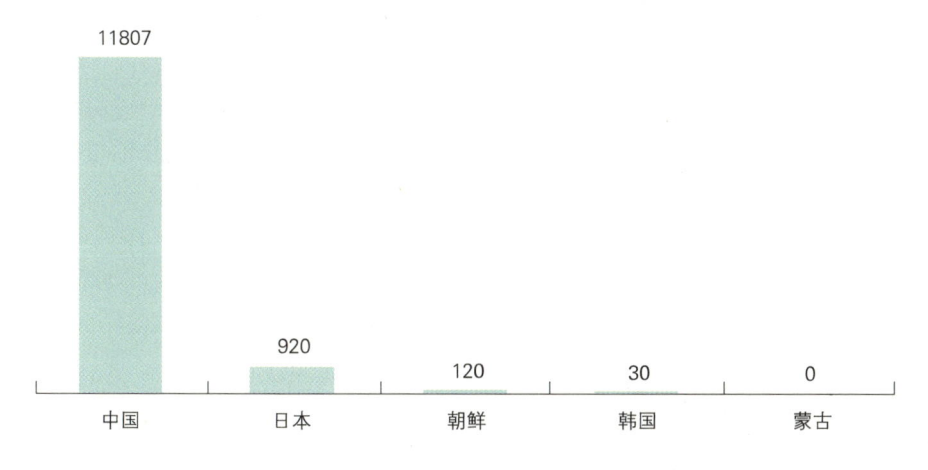

图2.5　2016年东亚各国水电发电量（单位：亿千瓦时）
数据来源：《可再生能源统计2017》《水电现状报告2017》

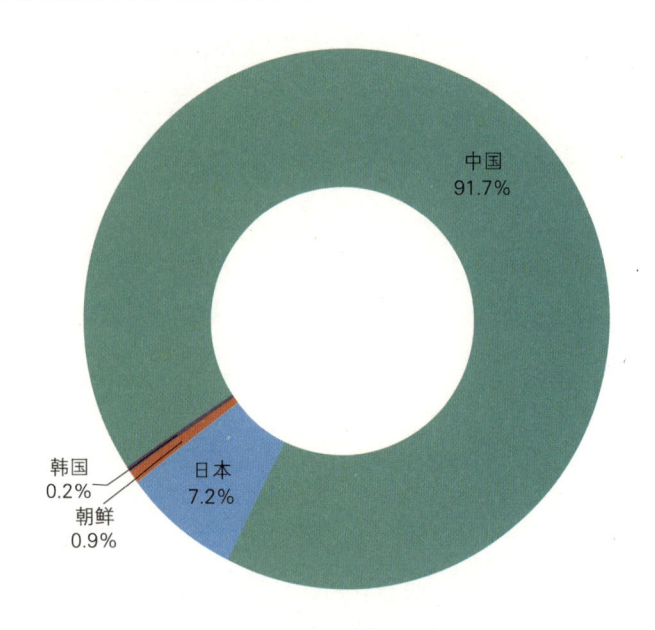

图 2.6　2016 年东亚各国水电发电量占比

2.1.2　常规水电现状

东亚常规水电装机容量增速放缓

东亚常规水电装机容量 **2.7%↑**

截至 2016 年年底，东亚常规水电装机容量 3.4 亿千瓦，位居全球之首，比 2015 年新增常规水电装机容量 1145 万千瓦，其中 76.5% 来自中国。

2000—2016 年，东亚常规水电装机容量持续较快增长，年均增长 1462 万千瓦，年均增速 7.7%，2008 年以后增速放缓。2008 年，东亚常规水电装机容量同比增速 13.8%，为 2000 年以来的最高水平。2016 年，东亚常规水电装机容量同比增速 2.7%，为 2000 年以来的最低水平（见图 2.7）。

中国常规水电装机容量占比

91.1%

截至 2016 年年底，中国和日本的常规水电装机容量均超过 1000 万千瓦（见图 2.8），占东亚常规水电装机容量的 97.8%，其中，中国占 91.1%（见图 2.9）。

2016 年，中国常规水电装机容量 30696 万千瓦，比 2015 年新增常规水电装机容量 876 万千瓦，同比增速 3%。

2.1.3　抽水蓄能现状

东亚抽水蓄能装机容量持续增长

东亚抽水蓄能装机容量 **7.3%↑**

截至 2016 年年底，东亚抽水蓄能装机容量 5830 万千瓦，位居全球之首，比 2015 年增长 398 万千瓦，新增抽水蓄能装机容量

2 亚洲水电行业发展概况

图 2.7　2000—2016 年东亚常规水电装机容量及同比变化

数据来源：《可再生能源装机容量统计 2017》

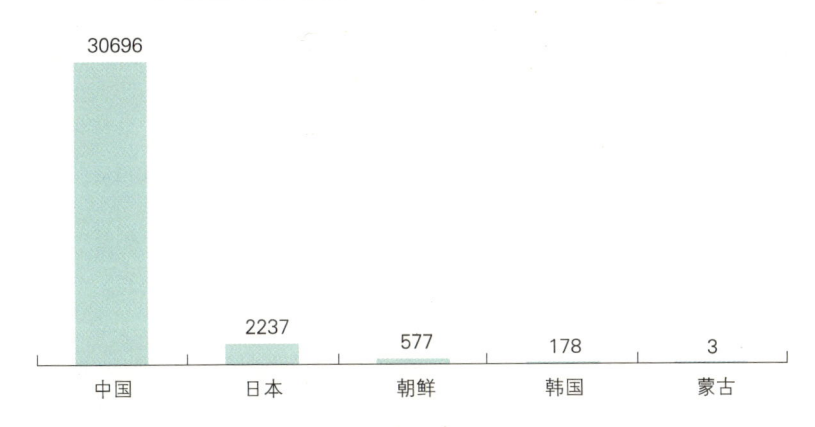

图 2.8　2016 年东亚各国常规水电装机容量（单位：万千瓦）

数据来源：《可再生能源装机容量统计 2017》

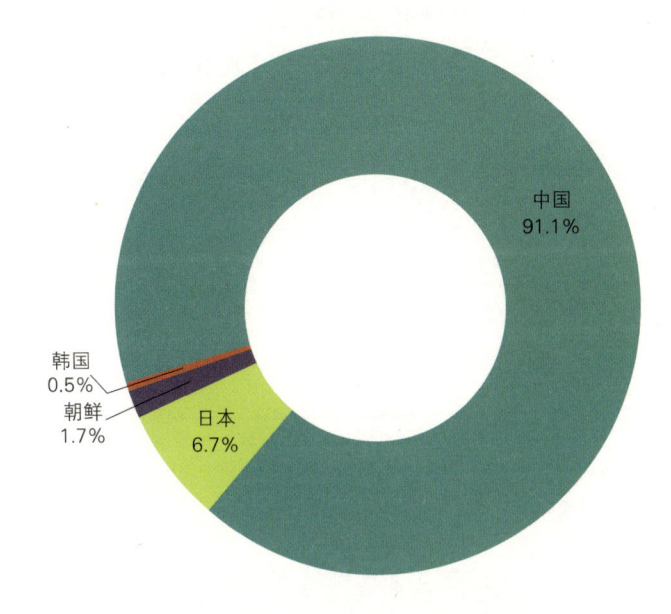

图 2.9　2016 年东亚各国常规水电装机容量占比

全部来自中国。

2000—2016年，东亚抽水蓄能装机容量持续增长，年均增长171万千瓦，年均增速4.0%。2011年，东亚抽水蓄能装机容量同比增速10.8%，为2000年以来的最高水平。2016年，东亚抽水蓄能装机容量同比增速7.3%，高于年均增速（见图2.10）。

图2.10 2000—2016年东亚抽水蓄能装机容量及同比变化
数据来源：《可再生能源装机容量统计2017》

日本抽水蓄能装机容量位居东亚之首

截至2016年年底，日本和中国的抽水蓄能装机容量均超过1000万千瓦（见图2.11），占东亚抽水蓄能装机容量的92.0%。其中，中国抽水蓄能装机容量占东亚抽水蓄能装机容量的45.8%，比2015年增长了4.0个百分点；日本抽水蓄能装机容量2691万千瓦，与2015年持平（见图2.12）。

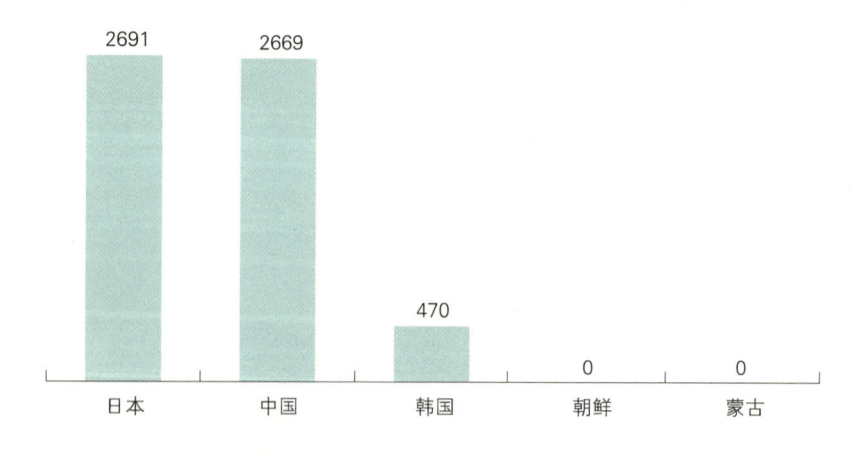

图2.11 2016年东亚各国抽水蓄能装机容量（单位：万千瓦）
数据来源：《可再生能源装机容量统计2017》

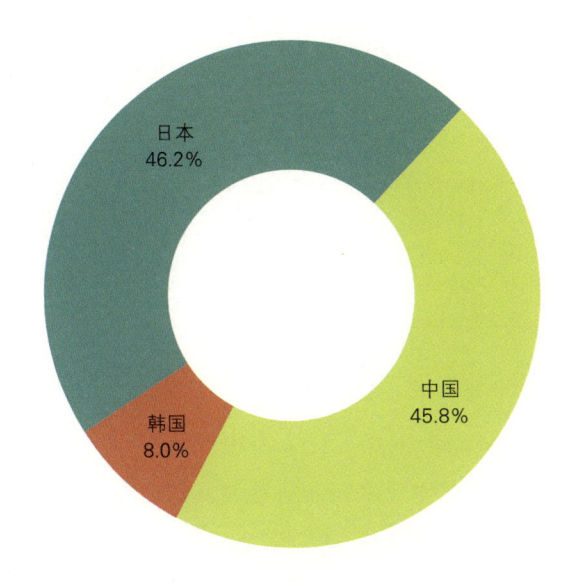

图 2.12　2016 年东亚主要国家抽水蓄能装机容量占比

截至 2016 年年底，中国抽水蓄能装机容量 2669 万千瓦，比 2015 年增长 398 万千瓦，同比增速 17.5%，相对 2000 年增长 4.3 倍，占全国电力装机容量的 1.5%。

2.2　东南亚水电行业发展概况

2.2.1　东南亚水电现状

2.2.1.1　装机容量

截至 2016 年年底，东南亚水电装机容量 4413 万千瓦，约占亚洲水电装机容量的 7.9%，比 2015 年新增水电装机容量 253 万千瓦。

2000—2016 年，东南亚水电装机容量持续增长，年均增长 171 万千瓦，年均增速 6.3%。2012 年，东南亚水电装机容量同比增速 15.2%，为 2000 年以来的最高水平。2016 年，东南亚水电装机容量同比增速 6.1%，低于 2000 年以来的年均增速（见图 2.13）。

截至 2016 年年底，越南水电装机容量超过 1000 万千瓦（见图 2.14），占东南亚水电装机容量的 39.8%（见图 2.15），比 2015 年新增水电装机容量 93 万千瓦，位居东南亚之首。

东南亚水电装机容量持续增长

东南亚水电装机容量
↑ 6.1%

越南水电装机容量位居东南亚之首

越南水电装机容量占比
39.8%

图 2.13　2000—2016 年东南亚水电装机容量及同比变化

数据来源：《可再生能源装机容量统计 2017》

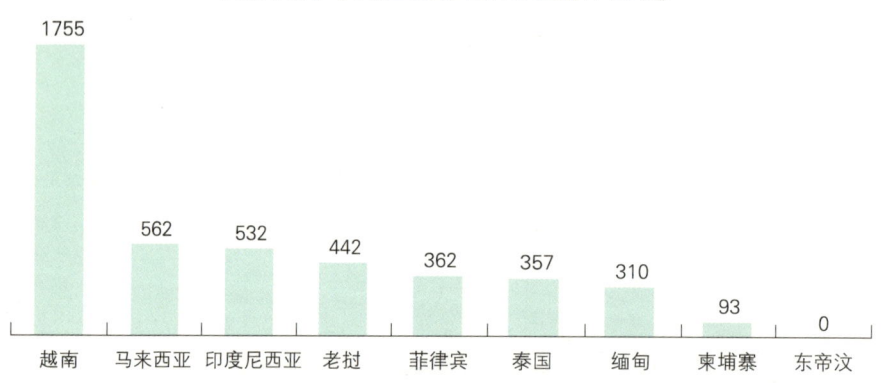

图 2.14　2016 年东南亚各国水电装机容量（单位：万千瓦）

数据来源：《可再生能源装机容量统计 2017》

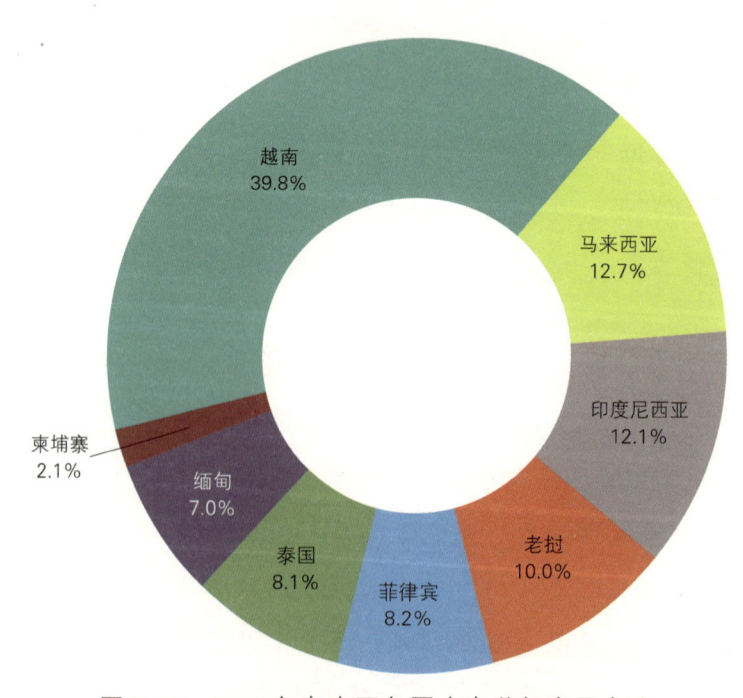

图 2.15　2016 年东南亚各国水电装机容量占比

2.2.1.2 发电量

2016年，东南亚水电发电量1583亿千瓦时，相比2015年新增水电发电量332亿千瓦时。

2000—2016年，东南亚水电发电量基本呈增长趋势，年均增长67亿千瓦时，年均增速7.3%。2016年，东南亚水电发电量同比增速26.6%，为2000年以来的最高水平（见图2.16）。

东南亚水电发电量持续增长

东南亚水电发电量
↑ **26.6%**

图 2.16　2000—2016年东南亚水电发电量及同比变化
数据来源：《可再生能源统计2017》《水电现状报告2017》

2016年，越南的水电发电量超过500亿千瓦时（见图2.17），占东南亚水电发电量的44.9%（见图2.18），比2015年下降了1.7个百分点。

越南水电发电量位居东南亚之首

越南水电发电量占比
44.9%

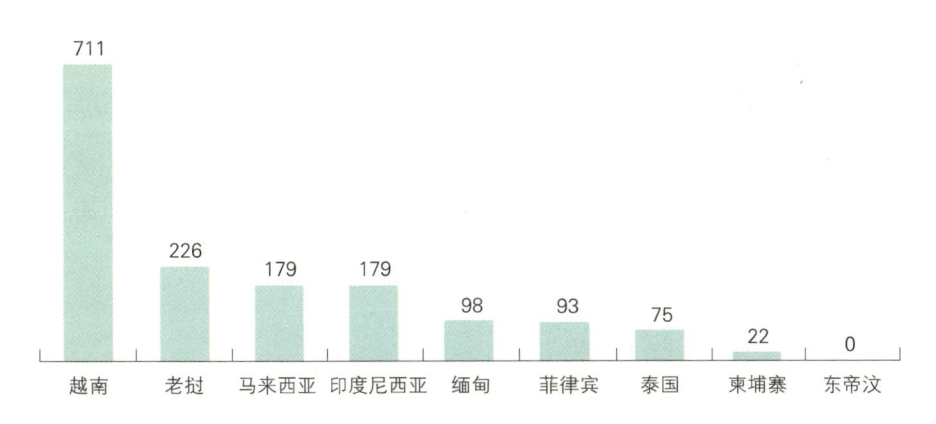

图 2.17　2016年东南亚各国水电发电量（单位：亿千瓦时）
数据来源：《可再生能源统计2017》《水电现状报告2017》

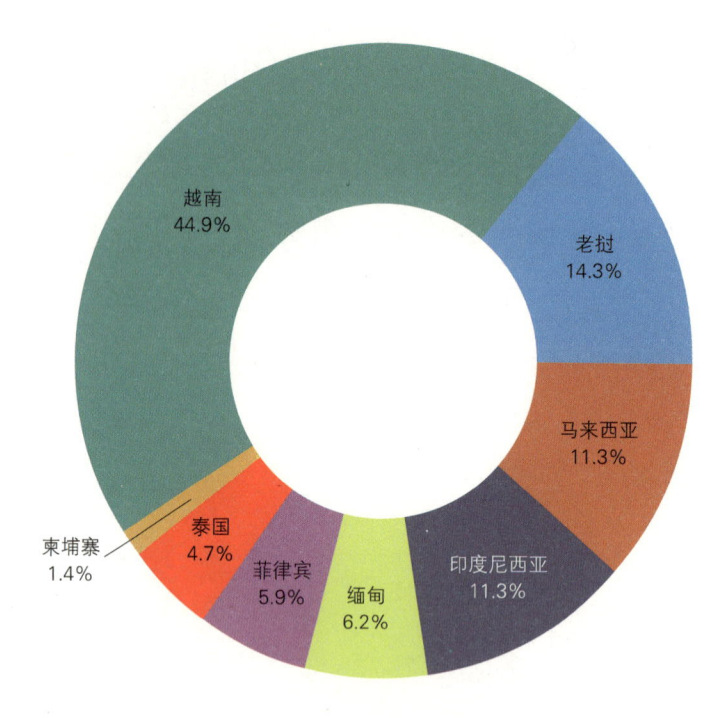

图 2.18　2016 年东南亚各国水电发电量占比

2.2.2　常规水电现状

截至 2016 年年底，东南亚常规水电装机容量 4242 万千瓦，比 2015 年新增常规水电装机容量 254 万千瓦。

2000—2016 年，东南亚常规水电装机容量持续增长，年均增长 166 万千瓦，年均增速 6.4%。2012 年，东南亚常规水电装机容量同比增速 16.2%，为 2000 年以来的最高水平。2016 年，东南亚常规水电装机容量同比增速 6.4%，与 2000 年以来的年均增速持平（见图 2.19）。

截至 2016 年年底，越南的常规水电装机容量超过 1000 万千瓦（见图 2.20），占东南亚常规水电装机容量的 41.4%（见图 2.21），比 2015 年新增常规水电装机容量 93 万千瓦，位居东南亚之首。

2.2.3　抽水蓄能现状

截至 2016 年年底，东南亚抽水蓄能装机容量 171 万千瓦，与 2015 年持平。

东南亚常规水电装机容量增速放缓

东南亚常规水电装机容量

6.4%↑

越南常规水电装机容量占比

41.4%

东南亚抽水蓄能装机容量与上年持平

2 亚洲水电行业发展概况

图 2.19 2000—2016 年东南亚常规水电装机容量及同比变化

数据来源：《可再生能源装机容量统计 2017》

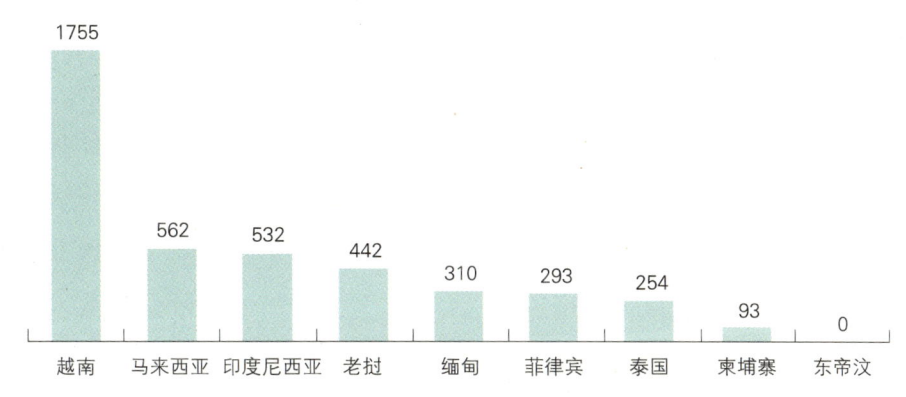

图 2.20 2016 年东南亚各国常规水电装机容量（单位：万千瓦）

数据来源：《可再生能源装机容量统计 2017》

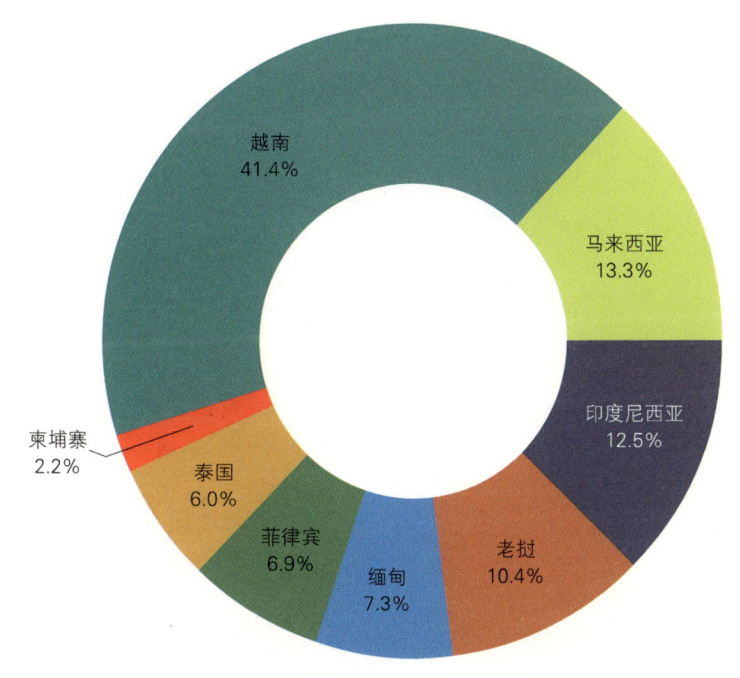

图 2.21 2016 年东南亚各国常规水电装机容量占比

29

泰国抽水蓄能装机容量位居东南亚之首

泰国抽水蓄能装机容量占比

60.2%

截至2016年年底，东南亚各国中仅泰国和菲律宾开发建设了抽水蓄能电站。其中，泰国抽水蓄能装机容量占东南亚抽水蓄能装机容量的60.2%。2016年，泰国抽水蓄能装机容量103万千瓦，与2015年持平，比2000年增长92.7%。

2.3 南亚水电行业发展概况

2.3.1 南亚水电现状

2.3.1.1 装机容量

南亚水电装机容量持续增长

南亚水电装机容量

2.4%↑

截至2016年年底，南亚水电装机容量7108万千瓦，比2015年增长166万千瓦，新增水电装机容量的80.3%来自印度。

2000—2016年，南亚水电装机容量持续增长，年均增长227万千瓦，年均增速4.6%，2007年以后增速放缓。2003年，南亚水电装机容量同比增速9.3%，为2000年以来的最高水平。2016年，南亚水电装机容量同比增速2.4%，低于年均增速（见图2.22）。

图2.22 2000—2016年南亚水电装机容量及同比变化
数据来源：《可再生能源装机容量统计2017》

截至2016年年底，南亚各国中印度和伊朗水电装机容量均超过1000万千瓦（见图2.23），占南亚水电装机容量的83.1%，其中印度水电装机容量占南亚水电装机容量的 67.0%（见图 2.24），比 2015 年提升了 0.4 个百分点。

印度水电装机容量位居南亚之首

印度水电装机容量占比
67.0%

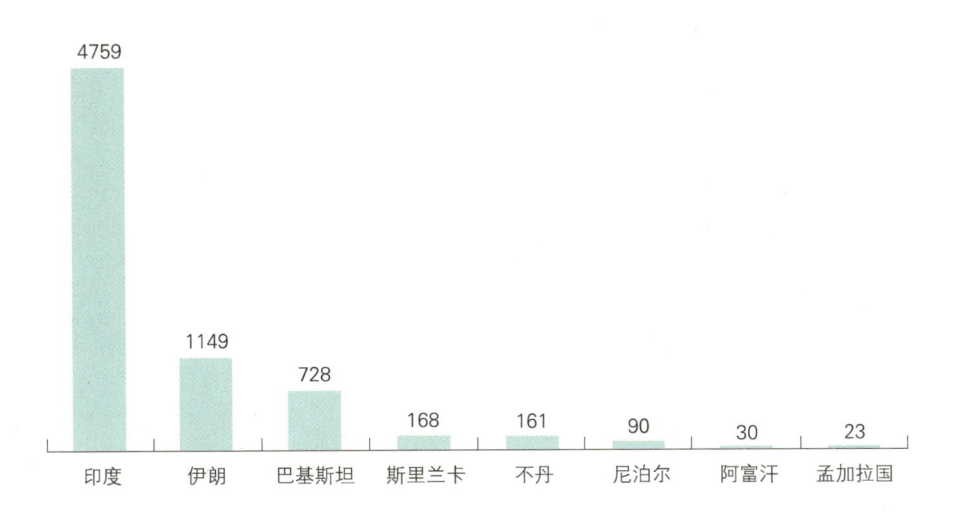

图 2.23　2016 年南亚各国水电装机容量（单位：万千瓦）
数据来源：《可再生能源装机容量统计 2017》

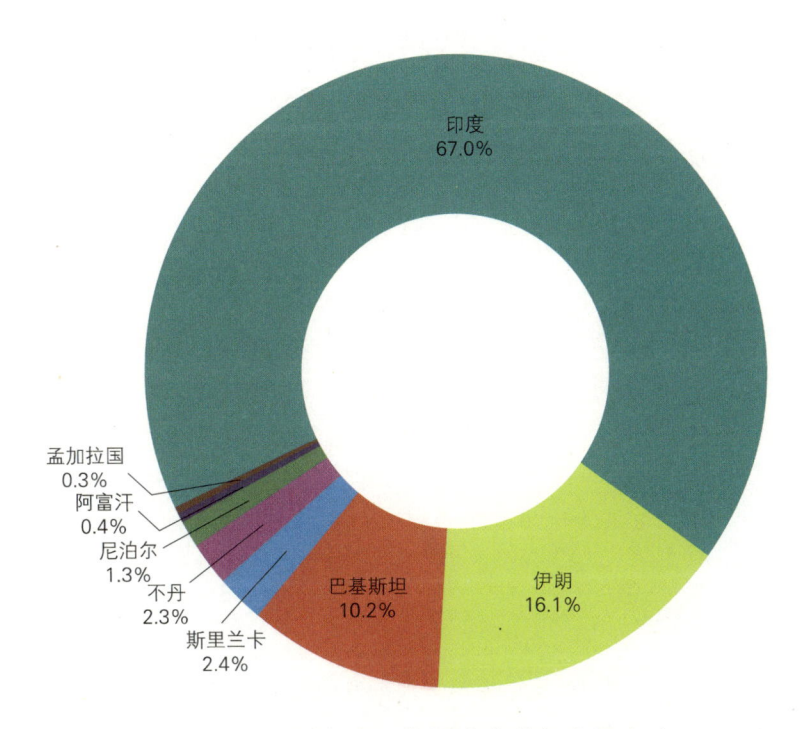

印度 4759
伊朗 1149
巴基斯坦 728
斯里兰卡 168
不丹 161
尼泊尔 90
阿富汗 30
孟加拉国 23

图 2.24　2016 年南亚各国水电装机容量占比

印度 67.0%
伊朗 16.1%
巴基斯坦 10.2%
斯里兰卡 2.4%
不丹 2.3%
尼泊尔 1.3%
阿富汗 0.4%
孟加拉国 0.3%

2.3.1.2　发电量

截至 2016 年年底，南亚水电发电量 1896 亿千瓦时，比 2015 年下降 245 亿千瓦时。2000—2016 年，南亚水电发电量年均增长 52 亿千瓦时，年均增速 3.7%。2003 年，南亚水电发电量同比增

南亚水电发电量与 2007 年基本持平

南亚水电发电量
↓ **11.4%**

速19.4%，为2000年以来的最高水平。2016年，南亚水电发电量与2007年基本持平，同比下降11.4%（见图2.25）。

图2.25　2000—2016年南亚水电发电量及同比变化
数据来源：《可再生能源统计2017》《水电现状报告2017》

印度水电发电量位居南亚之首

印度水电发电量占比
63.6%

2016年，南亚各国中仅印度水电发电量超过500亿千瓦时（见图2.26），占南亚水电发电量的63.6%（见图2.27），比2015年回落了6.6个百分点。

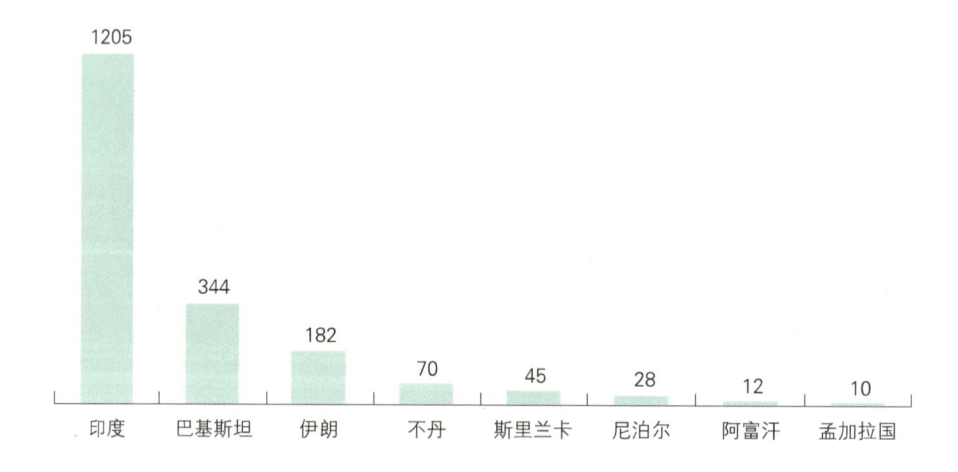

图2.26　2016年南亚各国水电发电量（单位：亿千瓦时）
数据来源：《可再生能源统计2017》《水电现状报告2017》

南亚常规水电装机容量持续增长

南亚常规水电装机容量
2.6%↑

2.3.2　常规水电现状

截至2016年年底，南亚常规水电装机容量6525万千瓦，比2015年增长166万千瓦，新增常规水电装机容量的80.3%来自印度。

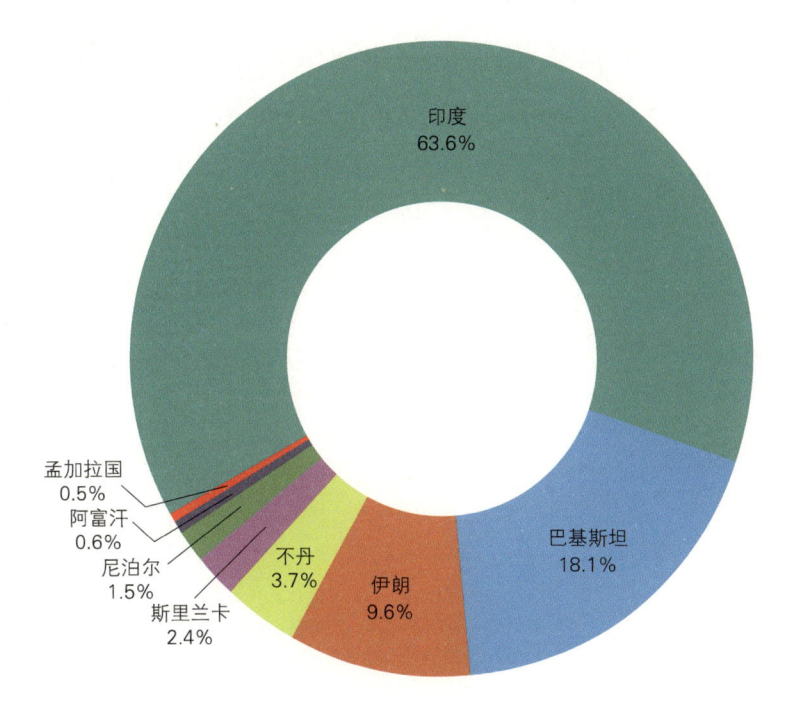

图 2.27　2016 年南亚各国水电发电量占比

2000—2016 年，南亚常规水电装机容量持续增长，年均增长 200 万千瓦，年均增速 4.3%，2007 年以后增速放缓。2003 年和 2004 年，南亚常规水电装机容量同比增速均为 9.1%，为 2000 年以来的最高水平。2016 年，南亚常规水电装机容量同比增速 2.6%，低于年均增速（见图 2.28）。

图 2.28　2000—2016 年南亚常规水电装机容量及同比变化
数据来源：《可再生能源装机容量统计 2017》

截至 2016 年年底，南亚各国中只有印度和伊朗常规水电装机容量超过 1000 万千瓦（见图 2.29），占南亚常规水电装机容量的 81.6%，其中印度常

印度常规水电装机容量位居南亚之首

印度常规水电装机容量占比

65.6%

规水电装机容量占南亚常规水电装机容量的65.6%（见图2.30）。2016年，印度常规水电装机容量4280万千瓦，比2015年增长133万千瓦，同比增速3.2%，相对2000年增长78.8%。

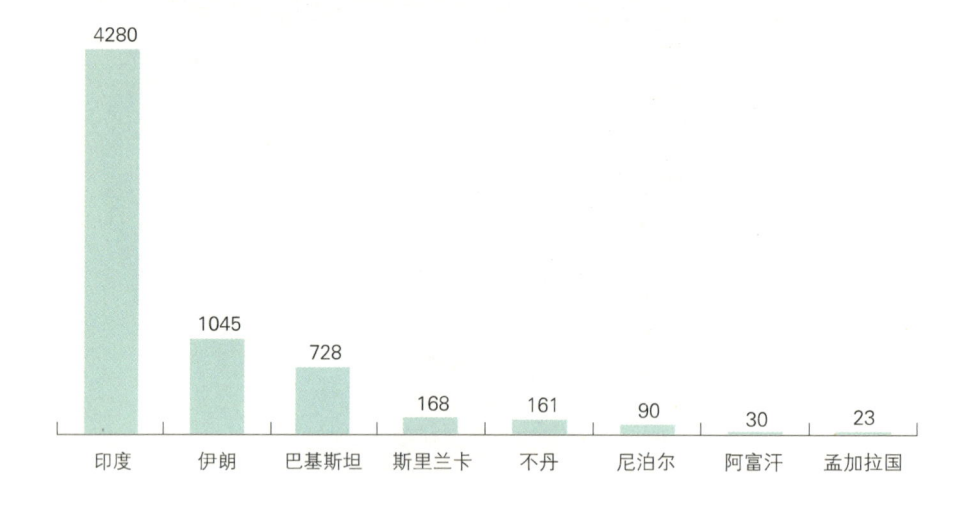

图2.29 2016年南亚各国常规水电装机容量（单位：万千瓦）

数据来源：《可再生能源装机容量统计2017》

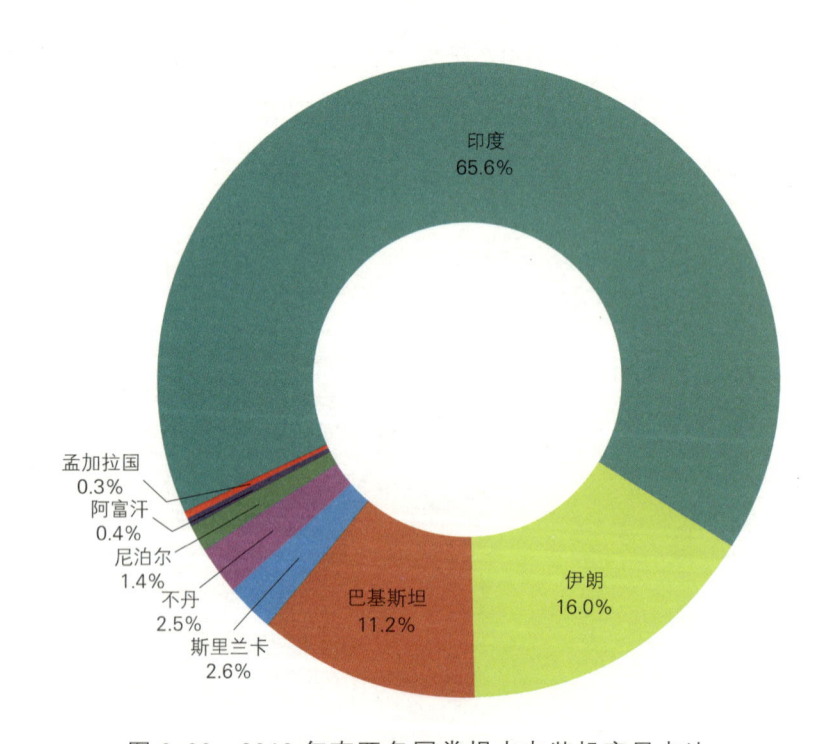

印度 65.6%
伊朗 16.0%
巴基斯坦 11.2%
斯里兰卡 2.6%
不丹 2.5%
尼泊尔 1.4%
阿富汗 0.4%
孟加拉国 0.3%

图2.30 2016年南亚各国常规水电装机容量占比

印度抽水蓄能装机容量位居南亚之首

2008年以来，印度抽水蓄能装机容量持平

2.3.3 抽水蓄能现状

截至2016年年底，南亚抽水蓄能装机容量583万千瓦，与2015年

持平，仅印度和伊朗建设了抽水蓄能电站，其中印度抽水蓄能装机容量占南亚抽水蓄能装机容量的 82.1%。2000—2008 年，印度抽水蓄能装机容量持续增长，年均增长 41 万千瓦，年均增速 15.3%。2008 年以来，印度抽水蓄能装机容量持平。

2.4 中亚水电行业发展概况

2.4.1 中亚水电现状

2.4.1.1 装机容量

截至 2016 年年底，中亚水电装机容量 1205 万千瓦，比 2015 年增长 2 万千瓦，新增水电装机容量的 85.0% 来自哈萨克斯坦。

2000—2016 年，中亚水电装机容量缓慢增长，年均增长 5 万千瓦，年均增速 0.4%。2008 年，中亚水电装机容量同比增速 6.4%，为 2000 年以来的最高水平。2016 年，中亚水电装机容量同比增速 0.2%，低于年均增速（见图 2.31）。

> **中亚水电装机容量缓慢增长**
>
> 中亚水电装机容量
> ↑ 0.2%

图 2.31　2000—2016 年中亚水电装机容量及同比变化
数据来源：《可再生能源装机容量统计 2017》

截至 2016 年年底，中亚各国的水电装机容量均未超过 500 万千瓦（见图 2.32）。塔吉克斯坦的水电装机容量位居中亚首位，为 464 万千瓦，占中亚水电装机容量的 38.5%（见图 2.33）。

> **塔吉克斯坦水电装机容量位居中亚之首**
>
> 塔吉克斯坦水电装机容量占比
> **38.5%**

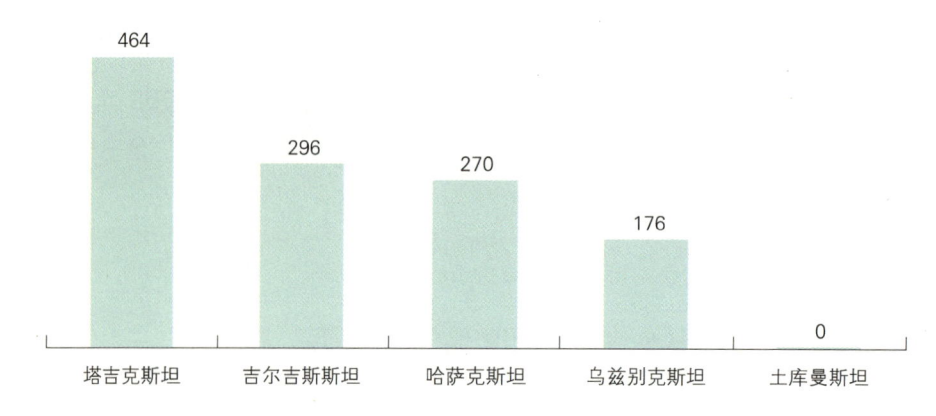

图 2.32　2016 年中亚各国水电装机容量（单位：万千瓦）

数据来源：《可再生能源装机容量统计 2017》

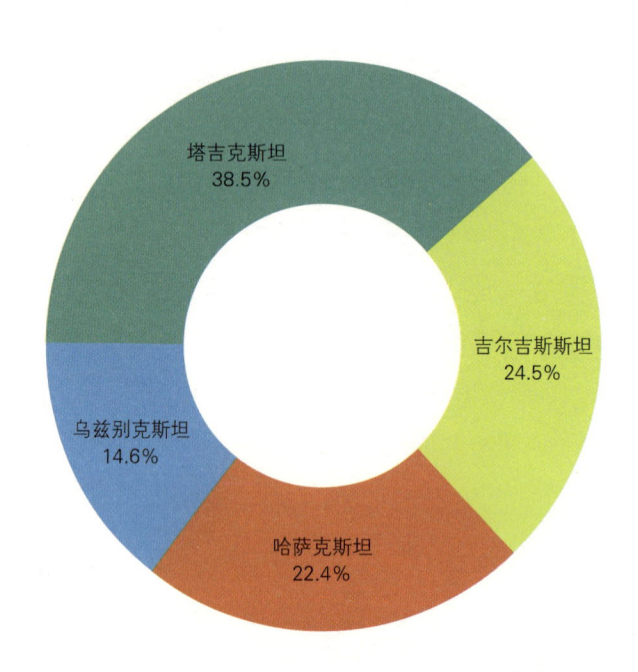

图 2.33　2016 年中亚各国水电装机容量占比

中亚水电发电量变化不大

中亚水电发电量

4.4% ↓

塔吉克斯坦水电发电量位居中亚之首

塔吉克斯坦水电发电量占比

37.8%

2.4.1.2　发电量

截至 2016 年年底，中亚水电发电量 496 亿千瓦时，比 2015 年减少 23 亿千瓦时。2000—2016 年，中亚水电发电量总体变化不大，年均增长 5 亿千瓦时，年均增速 1.1%。2003 年，中亚水电发电量同比增速 11.1%，为 2000 年以来的最高水平。2016 年，中亚水电发电量同比下降 4.4%，低于年均增速（见图 2.34）。

截至 2016 年年底，中亚各国的水电发电量均未超过 500 亿千瓦时（见图 2.35）。塔吉克斯坦的发电量位居中亚首位，为 187 亿千瓦时，占中亚水电发电量的 37.8%（见图 2.36）。

图 2.34　2000—2016 年中亚水电发电量及同比变化

数据来源：《可再生能源统计 2017》《水电现状报告 2017》

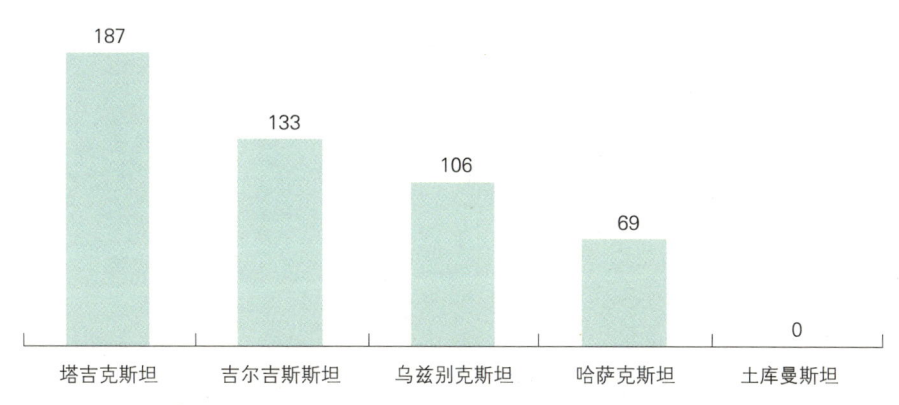

图 2.35　2016 年中亚各国水电发电量（单位：亿千瓦时）

数据来源：《可再生能源统计 2017》《水电现状报告 2017》

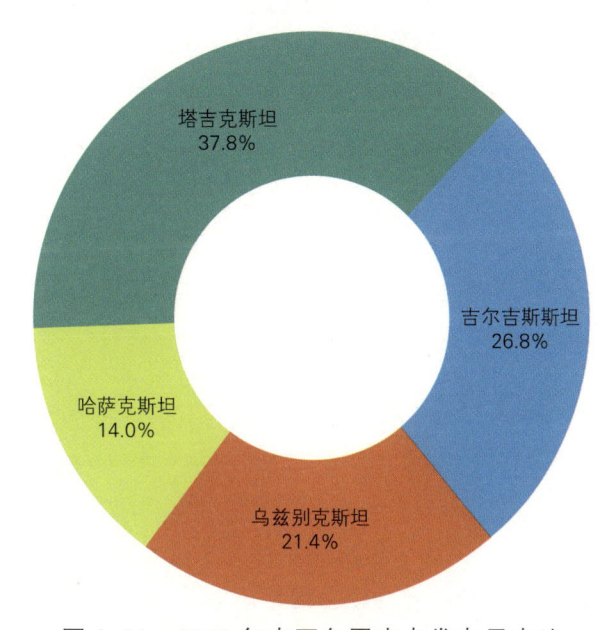

图 2.36　2016 年中亚各国水电发电量占比

2.4.2 常规水电现状

中亚常规水电装机容量缓慢增长

中亚常规水电装机容量
0.2% ↑

截至2016年年底，中亚常规水电装机容量1205万千瓦，比2015年增长2万千瓦，新增常规水电装机容量的85.0%来自哈萨克斯坦。

2000—2016年，中亚常规水电装机容量缓慢增长，年均增长5万千瓦，年均增速0.4%。2008年，中亚常规水电装机容量同比增速6.4%，为2000年以来的最高水平。2016年，中亚常规水电装机容量同比增速0.2%，低于年均增速（见图2.37）。

图2.37 2016年中亚常规水电装机容量及同比变化
数据来源：《可再生能源装机容量统计2017》

塔吉克斯坦常规水电装机容量位居中亚之首

塔吉克斯坦常规水电装机容量占比
38.5%

截至2016年年底，中亚各国的常规水电装机容量均未超过500万千瓦（见图2.38）。塔吉克斯坦的常规水电装机容量位居

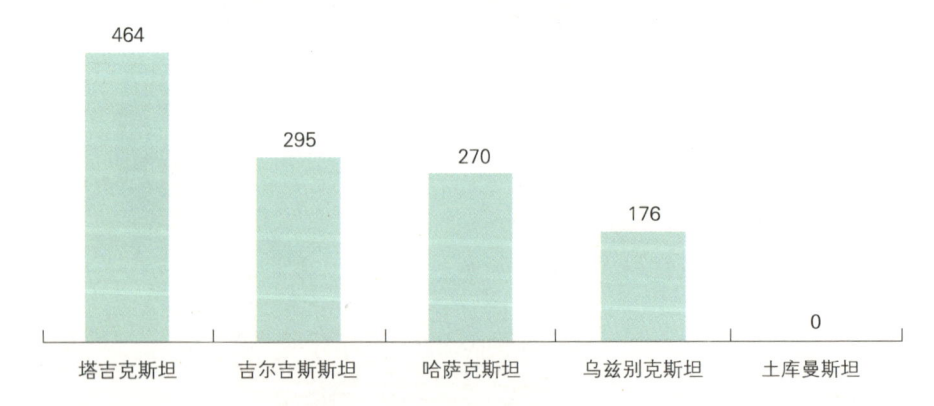

图2.38 2016年中亚各国常规水电装机容量（单位：万千瓦）
数据来源：《可再生能源装机容量统计2017》

2 亚洲水电行业发展概况

中亚首位，为 464 万千瓦，占中亚常规水电装机容量的 38.5%（见图 2.39）。

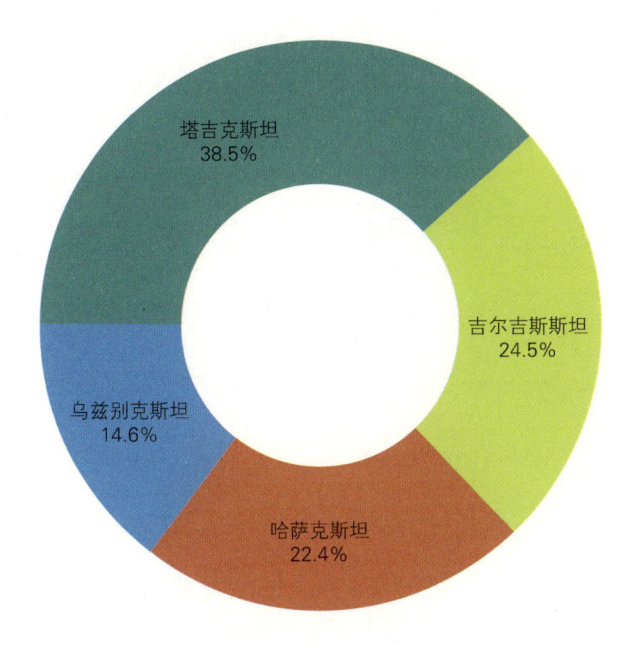

图 2.39　2016 年中亚各国常规水电装机容量占比

2.4.3　抽水蓄能现状

截至 2016 年年底，中亚各国中仅土库曼斯坦开发建设了抽水蓄能电站，装机容量为 0.1 万千瓦。

2.5　西亚水电行业发展概况

2.5.1　西亚水电现状

2.5.1.1　装机容量

截至 2016 年年底，西亚水电装机容量 3636 万千瓦，比 2015 年增长 85 万千瓦，新增水电装机容量的 99.1% 来自土耳其。

2000—2016 年，西亚水电装机容量持续增长，年均增长 116 万千瓦，年均增速 4.6%。2013 年，西亚水电装机容量同比增速 10.1%，为 2000 年以来的最高水平。2016 年，西亚水电装机容量同比增速 2.4%，低于年均增速（见图 2.40）。

西亚水电装机容量持续增长

西亚水电装机容量 ↑2.4%

2017 全球水电行业年度发展报告

图 2.40　2000—2016 年西亚水电装机容量及同比变化
数据来源：《可再生能源装机容量统计 2017》

土耳其水电装机容量位居西亚之首

土耳其水电装机容量占比

73.5%

截至 2016 年年底，西亚各国中仅土耳其的水电装机容量超过 1000 万千瓦，为 2671 万千瓦（见图 2.41），占西亚水电装机容量的 73.5%（见图 2.42）。

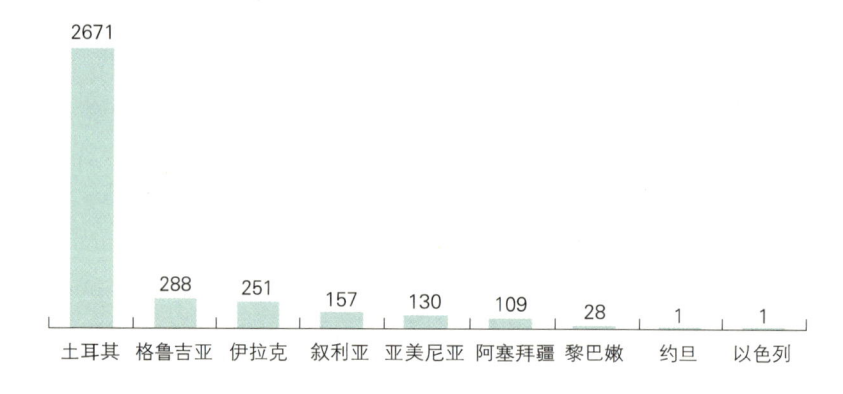

图 2.41　2016 年西亚各国水电装机容量（单位：万千瓦）
数据来源：《可再生能源装机容量统计 2017》

2.5.1.2　发电量

西亚水电发电量呈波动式增长

西亚水电发电量

3.2%↑

截至 2016 年年底，西亚水电发电量 883 亿千瓦时，比 2015 年增加 28 亿千瓦时。2000—2016 年，西亚水电发电量总体呈波动式增长，年均增长 28 亿千瓦时，年均增速 4.5%。2015 年，西亚水电发电量同比增速 47.3%，为 2000 年以来的最高水平。2016 年，西亚水电发电量同比增速 3.2%，低于年均增速（见图 2.43）。

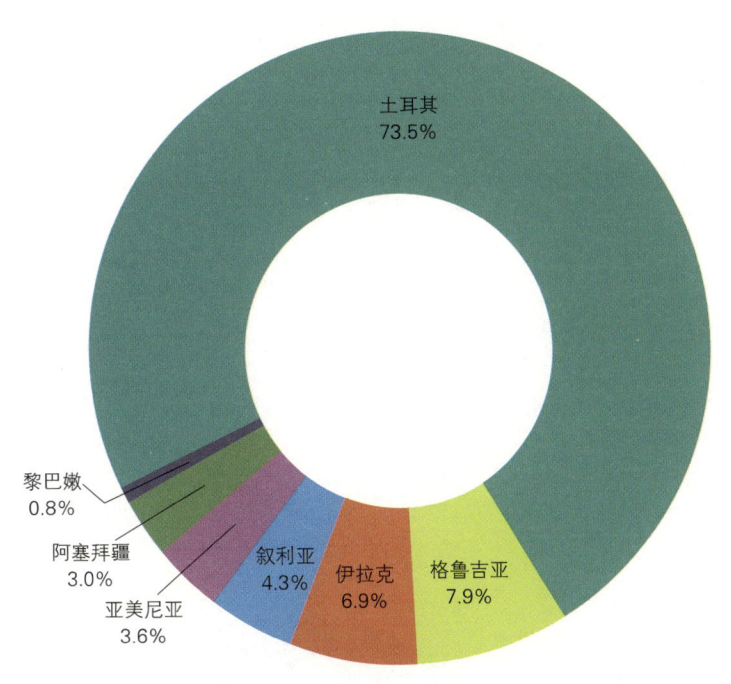

图 2.42　2016 年西亚各国水电装机容量占比

图 2.43　2000—2016 年西亚水电发电量及同比变化
数据来源：《可再生能源统计 2017》《水电现状报告 2017》

截至 2016 年年底，西亚各国中仅土耳其的水电发电量超过 500 亿千瓦时（见图 2.44），为 670 亿千瓦时，占西亚水电发电量的 75.9%（见图 2.45）。

2.5.2　常规水电现状

截至 2016 年年底，西亚常规水电装机容量 3612 万千瓦，比 2015 年增长 85 万千瓦，新增常规水电装机容量的 99.1% 来自土耳其。

土耳其水电发电量位居西亚之首

土耳其水电发电量占比
75.9%

西亚常规水电装机容量缓慢增长

西亚常规水电装机容量
↑ **2.4%**

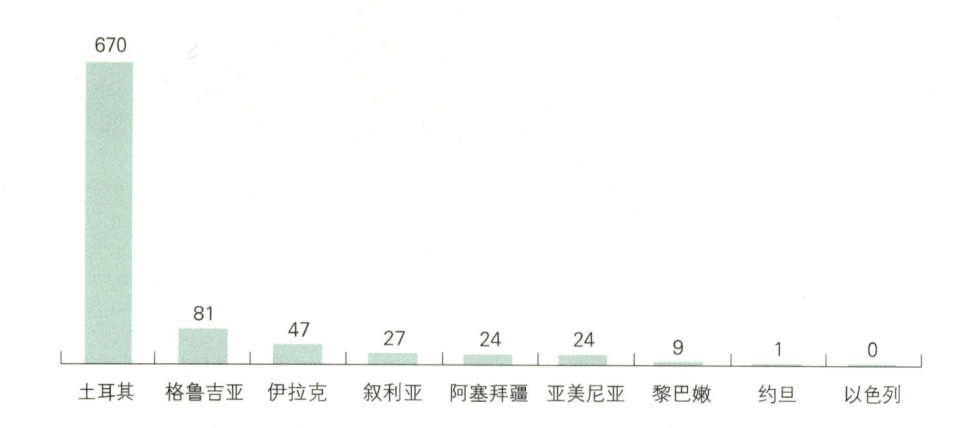

图2.44 2016年西亚各国水电发电量（单位：亿千瓦时）

数据来源：《可再生能源统计2017》《水电现状报告2017》

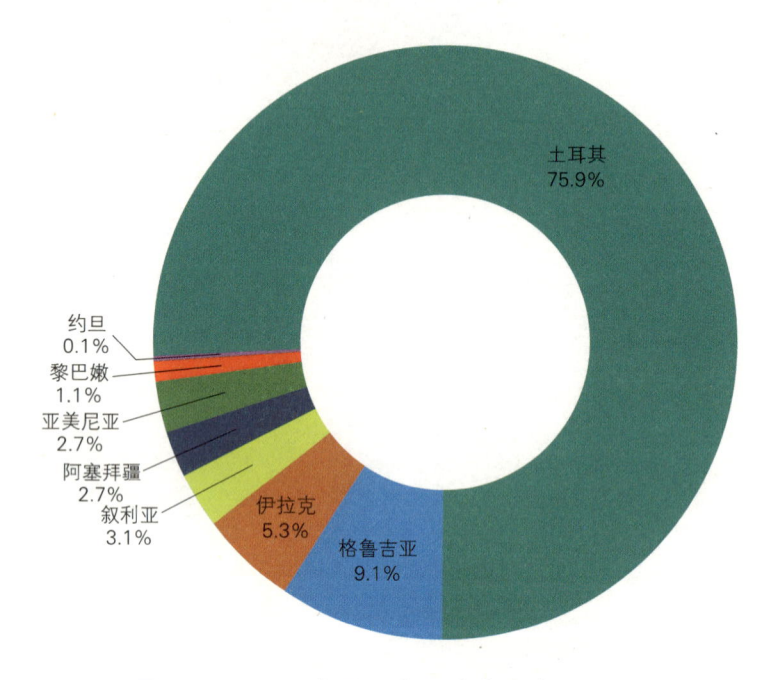

土耳其 670
格鲁吉亚 81
伊拉克 47
叙利亚 27
阿塞拜疆 24
亚美尼亚 24
黎巴嫩 9
约旦 1
以色列 0

图2.45 2016年西亚各国水电发电量占比

土耳其 75.9%
格鲁吉亚 9.1%
伊拉克 5.3%
叙利亚 3.1%
阿塞拜疆 2.7%
亚美尼亚 2.7%
黎巴嫩 1.1%
约旦 0.1%

土耳其常规水电装机容量位居西亚之首

土耳其常规水电装机容量占比

74.0%

2000—2016年，西亚常规水电装机容量持续增长，年均增长116万千瓦，年均增速4.6%。2013年，西亚常规水电装机容量同比增速10.2%，为2000年以来的最高水平。2016年，西亚常规水电装机容量同比增速2.4%，低于年均增速（见图2.46）。

截至2016年年底，西亚各国中仅土耳其的常规水电装机容量超过1000万千瓦，为2671万千瓦（见图2.47），占西亚常规水电装机容量的74.0%（见图2.48）。

图 2.46 2016 年西亚常规水电装机容量及同比变化

数据来源：《可再生能源装机容量统计 2017》

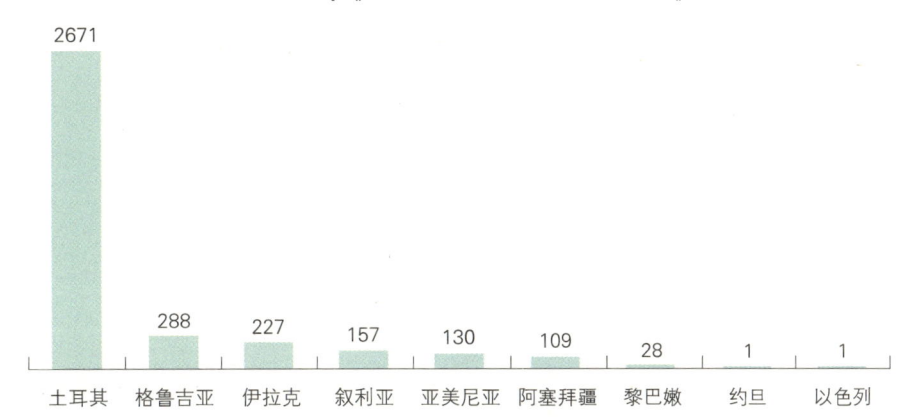

图 2.47 2016 年西亚各国常规水电装机容量（单位：万千瓦）

数据来源：《可再生能源装机容量统计 2017》

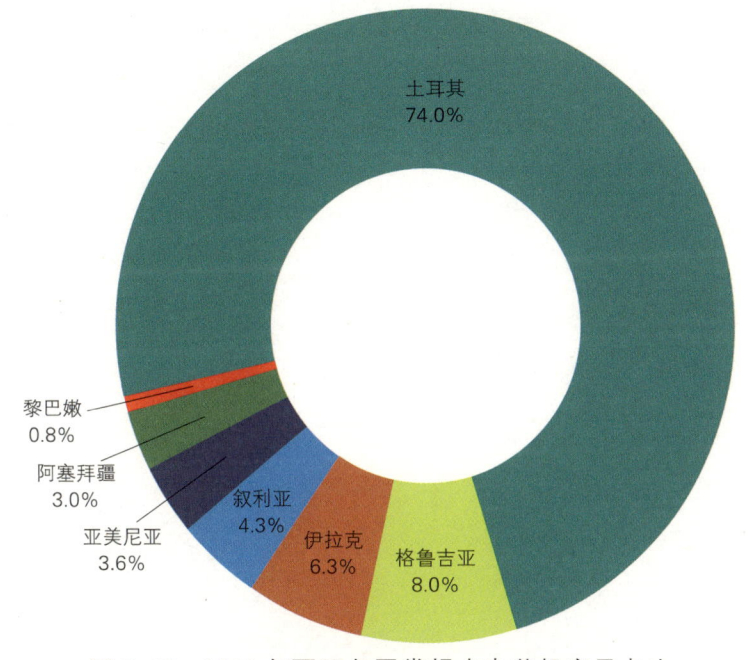

图 2.48 2016 年西亚各国常规水电装机容量占比

2.5.3 抽水蓄能现状

截至 2016 年年底，西亚各国中仅伊拉克开发建设了抽水蓄能电站，装机容量为 24 万千瓦，与 2015 年持平。

3 美洲水电行业发展概况

3.1 北美水电行业发展概况

3.1.1 北美水电现状

3.1.1.1 装机容量

截至2016年年底,北美水电装机容量1.83亿千瓦,比2015年增长196万千瓦,新增水电装机容量的78.7%来自加拿大。

2000—2016年,北美水电装机容量持续增长,年均增长108万千瓦,年均增速0.6%。2002年和2014年,北美水电装机容量同比增速均为2.0%,为2000年以来的最高水平。2016年,北美水电装机容量同比增速1.1%,高于年均增速(见图3.1)。

截至2016年年底,北美各国中美国和加拿大的水电装机容量均超过1000万千瓦(见图3.2)。其中,美国水电装机容量占北美水电装机容量的56.0%,加拿大水电装机容量占北美水电装机容量的44.0%(见图3.3)。

3.1.1.2 发电量

截至2016年年底,北美水电发电量6463亿千瓦时,比2015年下降50亿千瓦时,同比下降0.8%。

2000—2016年,北美水电发电量基本保持平稳,年均水电发电量6507亿千瓦时,2011年达到峰值。2002年,北美水电发电量同比增速17.2%,为2000年以来的最高水平(见图3.4)。

北美水电装机容量持续增长

北美水电装机容量
↑ 1.1%

美国水电装机容量位居北美之首

美国水电装机容量占比
56.0%

北美水电发电量趋于平稳

北美水电发电量
0.8% ↓

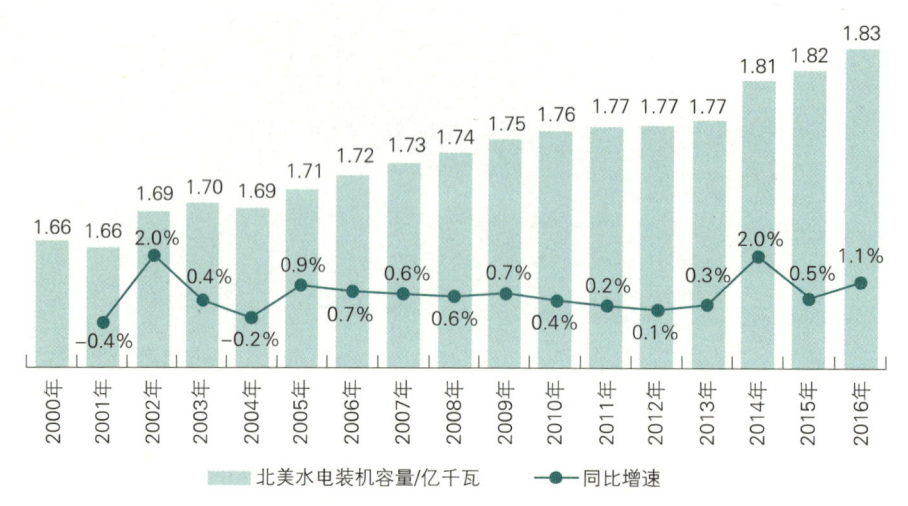

图 3.1 2000—2016 年北美水电装机容量及同比变化
数据来源：《可再生能源装机容量统计 2017》

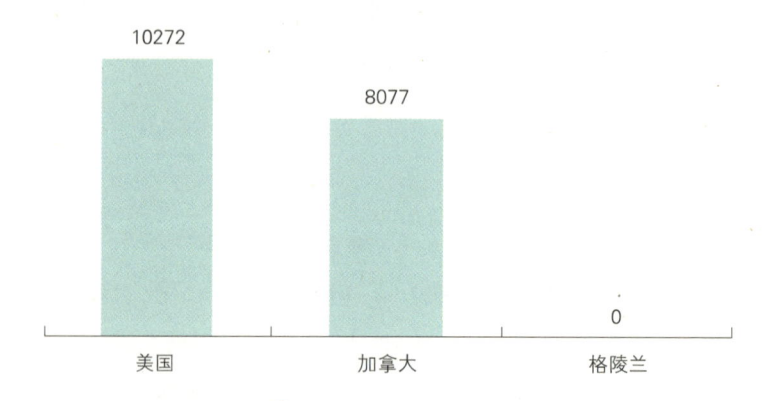

图 3.2 2016 年北美各国水电装机容量（单位：万千瓦）
数据来源：《可再生能源装机容量统计 2017》

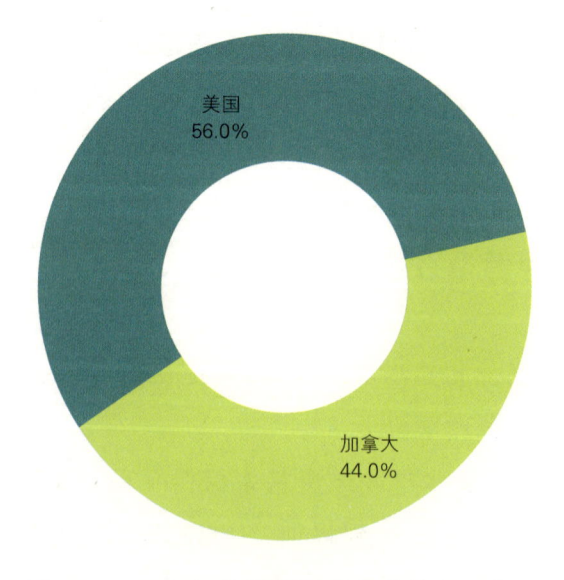

图 3.3 2016 年北美各国水电装机容量占比

图 3.4　2000—2016 年北美水电发电量及同比变化
数据来源：《可再生能源统计 2017》《水电现状报告 2017》

截至 2016 年年底，北美各国中加拿大和美国的水电发电量均超过 500 亿千瓦时（见图 3.5）。其中，加拿大水电发电量 3796 亿千瓦时，占北美水电发电量的 58.8%（见图 3.6），比 2015 年提升了 0.3 个百分点。

加拿大水电发电量位居北美之首

加拿大水电发电量占比
58.8%

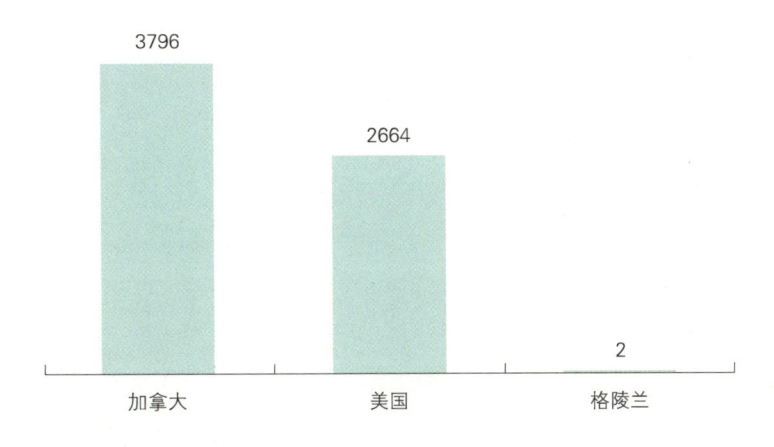

图 3.5　2016 年北美各国水电发电量（单位：亿千瓦时）
数据来源：《可再生能源统计 2017》《水电现状报告 2017》

3.1.2　常规水电现状

截至 2016 年年底，北美常规水电装机容量 1.52 亿千瓦，比 2015 年增长 186 万千瓦，新增常规水电装机容量的 82.7% 来自加拿大。

2000—2016 年，北美常规水电装机容量分阶段式增长，年均增长 34 万千瓦，年均增速 0.2%。2014 年，北美常规水电装机容

北美常规水电装机容量分阶段式增长

北美常规水电装机容量
↑**1.2%**

47

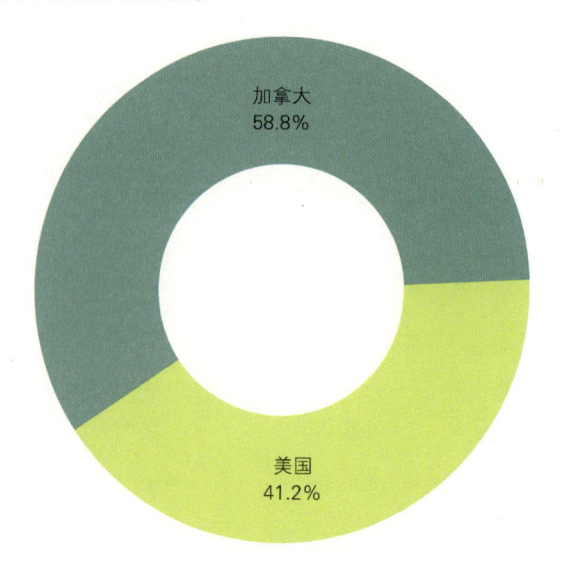

图 3.6　2016 年北美各国水电发电量占比

量同比增速 2.4%，为 2000 年以来的最高水平。2016 年，北美常规水电装机容量同比增速 1.2%，高于年均增速（见图 3.7）。

图 3.7　2000—2016 年北美常规水电装机容量及同比变化
数据来源：《可再生能源装机容量统计 2017》

加拿大常规水电装机容量位居北美之首

加拿大常规水电装机容量占比

53.0%

截至 2016 年年底，北美各国中加拿大和美国的常规水电装机容量均超过 1000 万千瓦（见图 3.8）。其中，加拿大常规水电装机容量占北美常规水电装机容量的 53.0%，美国常规水电装机容量占北美常规水电装机容量的 47.0%（见图 3.9）。

3.1.3　抽水蓄能现状

截至 2016 年年底，北美抽水蓄能装机容量 3146 万千瓦，比

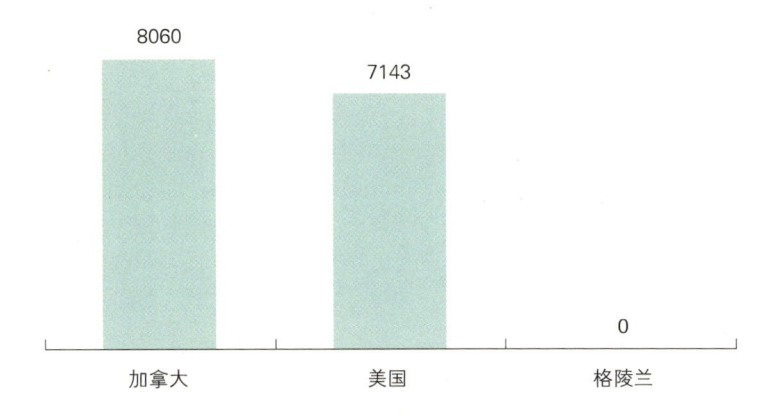

图 3.8　2016 年北美各国常规水电装机容量（单位：万千瓦）

数据来源：《可再生能源装机容量统计 2017》

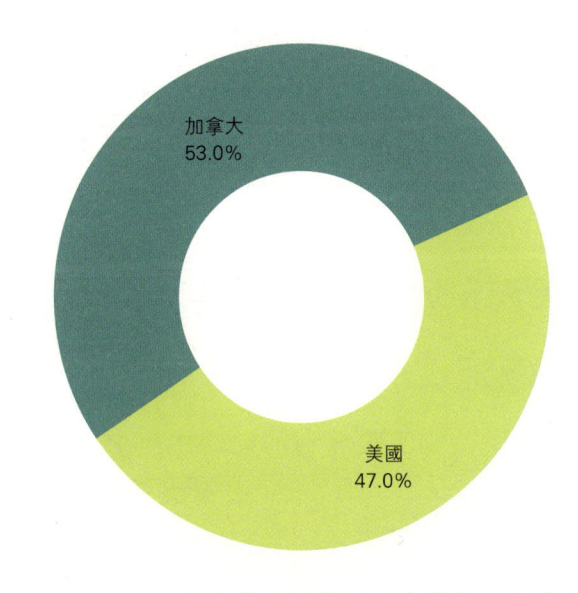

图 3.9　2016 年北美各国常规水电装机容量占比

2015 年增长 9 万千瓦，新增抽水蓄能装机容量全部来自美国。

2000—2016 年，北美抽水蓄能装机容量持续增长。2010 年，北美常规水电装机容量同比增速 38.8%，为 2000 年以来的最高水平。2016 年，北美常规水电装机容量同比增速 0.3%（见图 3.10）。

截至 2016 年年底，美国抽水蓄能装机容量 3129 万千瓦，占北美抽水蓄能装机容量的 99.5%。比 2015 年增长 10 万千瓦，同比增长 0.3%。

北美抽水蓄能装机容量趋于平稳

北美抽水蓄能装机容量

↑0.3%

美国抽水蓄能装机容量位居北美之首

美国抽水蓄能装机容量占比

99.5%

图 3.10　2000—2016 年北美抽水蓄能装机容量及同比变化
数据来源：《可再生能源装机容量统计 2017》

3.2　拉丁美洲和加勒比水电行业发展概况

3.2.1　拉丁美洲和加勒比水电现状

3.2.1.1　装机容量

拉丁美洲和加勒比水电装机容量持续增长

拉丁美洲和加勒比水电装机容量 **5.6%↑**

截至 2016 年年底，拉丁美洲和加勒比水电装机容量 1.82 亿千瓦，比 2015 年增长 959 万千瓦，新增水电装机容量的 62.0% 来自巴西。

2000—2016 年，拉丁美洲和加勒比水电装机容量持续较快增长，年均增长 360 万千瓦，年均增速 2.4%，2013 年以后增速加快。2016 年，拉丁美洲和加勒比水电装机容量同比增速 5.6%，为 2000 年以来的最高水平（见图 3.11）。

巴西水电装机容量位居拉丁美洲和加勒比之首

巴西水电装机容量占比 **53.9%**

截至 2016 年年底，巴西、委内瑞拉、墨西哥、哥伦比亚和阿根廷 5 个国家的水电装机容量均超过 1000 万千瓦（见图 3.12），占拉丁美洲和加勒比水电装机容量的 81.0%。其中，巴西水电装机容量占拉丁美洲和加勒比水电装机容量的 53.9%，比 2015 年提升了 0.5 个百分点，位居拉丁美洲和加勒比之首（见图 3.13）。

3 美洲水电行业发展概况

图 3.11 2000—2016 年拉丁美洲和加勒比水电装机容量及同比变化
数据来源：《可再生能源装机容量统计 2017》

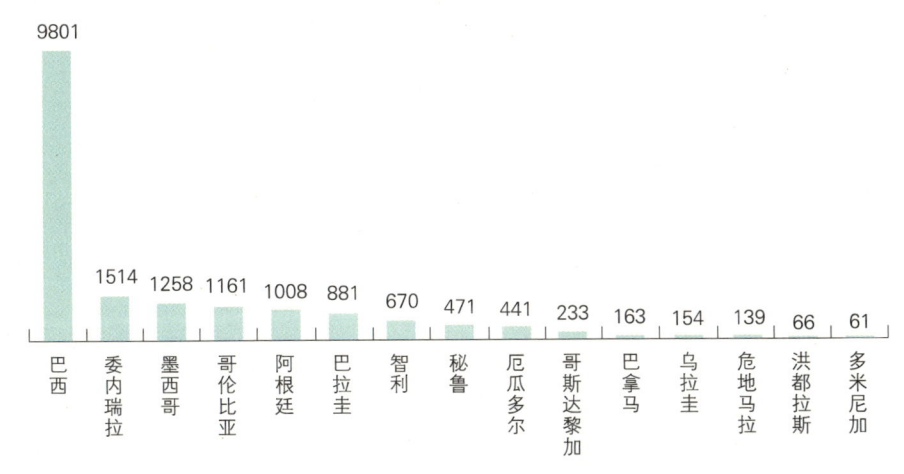

图 3.12 2016 年拉丁美洲和加勒比水电装机容量前 15 位国家（单位：万千瓦）
数据来源：《可再生能源装机容量统计 2017》

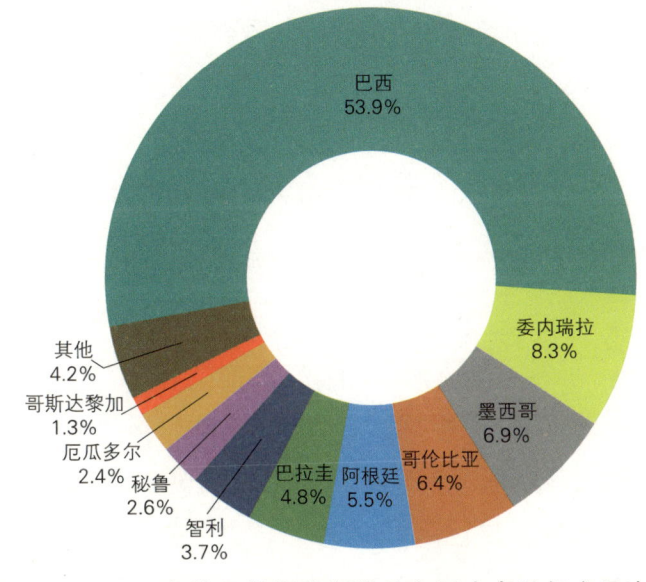

图 3.13 2016 年拉丁美洲和加勒比各国水电装机容量占比

3.2.1.2 发电量

截至 2016 年年底，拉丁美洲和加勒比水电发电量 7646 亿千瓦时，比 2015 年增长 670 亿千瓦时，新增水电发电量的 75.4% 来自巴西。

2001—2011 年，拉丁美洲和加勒比水电发电量持续增长，2011 年达到峰值 7706 亿千瓦之后开始回落。2000—2016 年，拉丁美洲和加勒比水电发电量年均增长 110 亿千瓦时，年均增速 1.6%。2016 年拉丁美洲和加勒比水电发电量同比增速 9.6%，为 2000 年以来的最高水平（见图 3.14）。

拉丁美洲和加勒比水电发电量企稳回升

拉丁美洲和加勒比水电发电量

9.6%↑

图 3.14 2000—2016 年拉丁美洲和加勒比水电发电量及同比变化
数据来源：《可再生能源统计 2017》《水电现状报告 2017》

截至 2016 年年底，巴西、委内瑞拉和巴拉圭 3 个国家的水电发电量均超过 500 亿千瓦时（见图 3.15），占拉丁美洲和加勒比水电发电量的 72.3%。2016 年，巴西水电发电量 4102 亿千瓦时，占拉丁美洲和加勒比水电发电量的 53.6%（见图 3.16），比 2015 年提升了 2.1 个百分点。

巴西水电发电量位居拉丁美洲和加勒比之首

巴西水电发电量占比

53.6%

3.2.2 常规水电现状

截至 2016 年年底，拉丁美洲和加勒比常规水电装机容量 1.81 亿千瓦，比 2015 年增长 959 万千瓦，新增常规水电装机容量的 62.0% 来自巴西。

2000—2016 年，拉丁美洲和加勒比常规水电装机容量持续增长，

拉丁美洲和加勒比常规水电装机容量持续增长

拉丁美洲和加勒比常规水电装机容量

5.6%↑

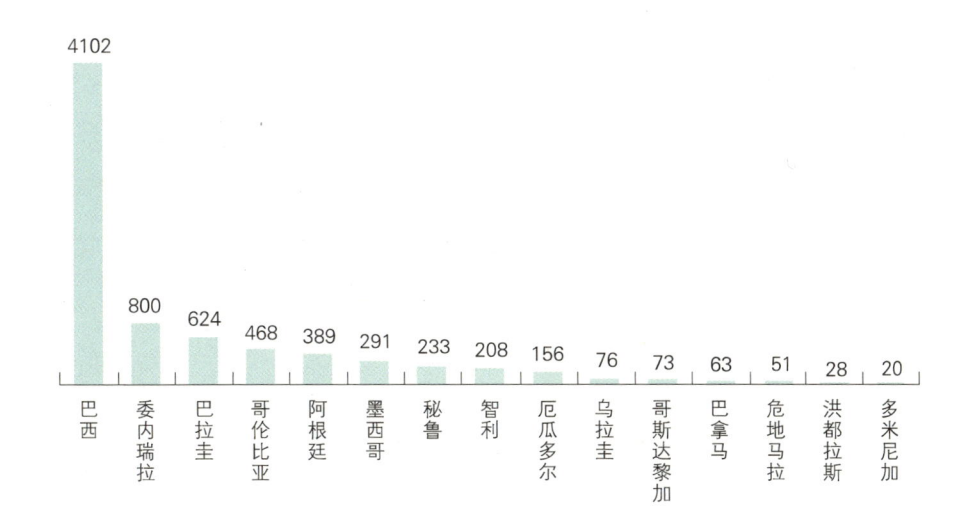

图 3.15 2016 年拉丁美洲和加勒比水电发电量前 15 位国家（单位：亿千瓦时）
数据来源：《可再生能源统计 2017》《水电现状报告 2017》

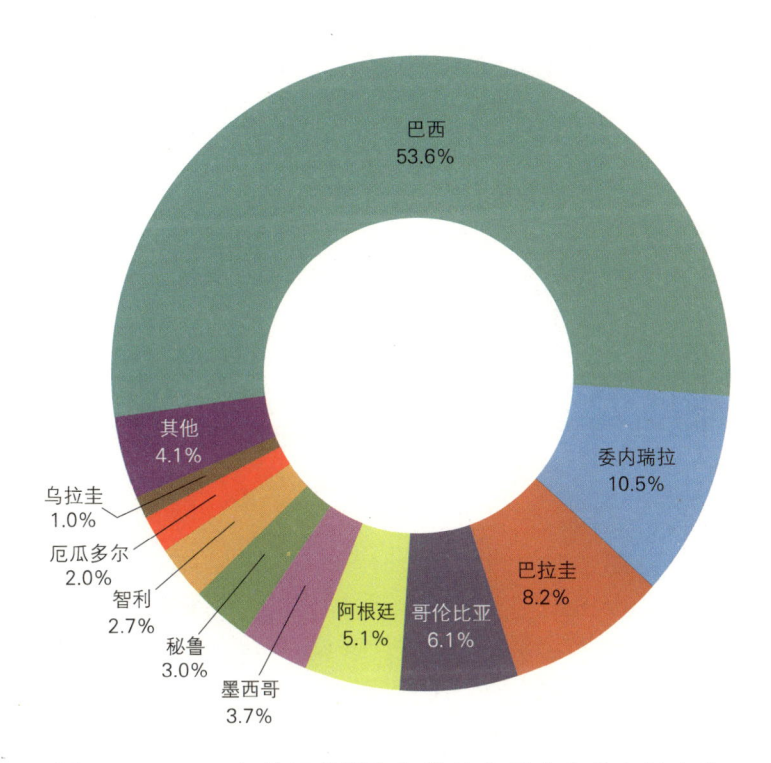

图 3.16 2016 年拉丁美洲和加勒比各国水电发电量占比

年均增长 360 万千瓦，年均增速 2.4%。2012 年以来，拉丁美洲和加勒比水电的发展进入快速通道。2016 年，拉丁美洲和加勒比常规水电装机容量同比增速 5.6%，为 2000 年以来的最高水平（见图 3.17）。

截至 2016 年年底，巴西、委内瑞拉、墨西哥和哥伦比亚 4 个国家的常规水电装机容量均超过 1000 万千瓦（见图 3.18），占拉丁美洲和加勒比水电

图 3.17　2000—2016 年拉丁美洲和加勒比常规水电装机容量及同比变化

数据来源：《可再生能源装机容量统计 2017》

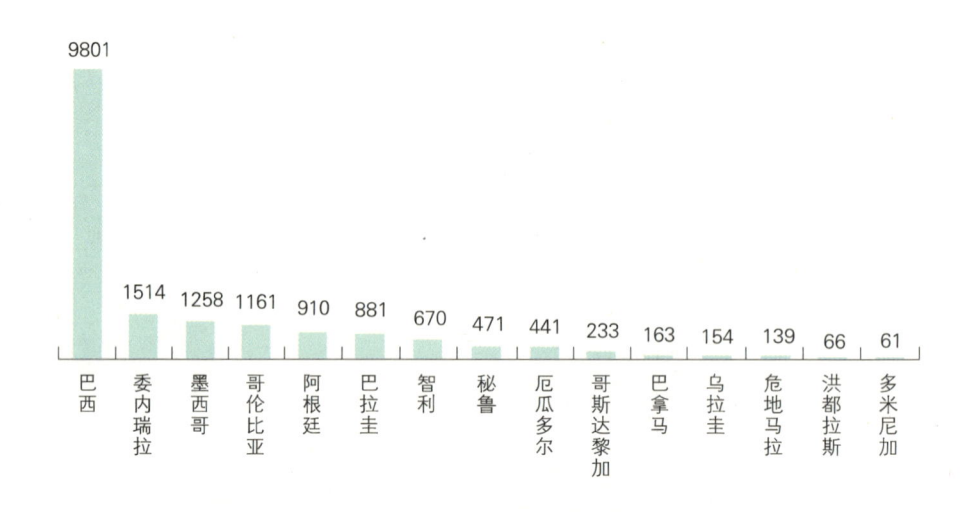

图 3.18　2016 年拉丁美洲和加勒比常规水电装机容量
前 15 位国家（单位：万千瓦）

数据来源：《可再生能源装机容量统计 2017》

巴西常规水电装机容量位居拉丁美洲和加勒比之首

巴西常规水电装机容量占比

54.1%

装机容量的 75.9%。其中，巴西常规水电装机容量占拉丁美洲和加勒比常规水电装机容量的 54.1%，比 2015 年提升了 0.4 个百分点（见图 3.19）。

3.2.3　抽水蓄能现状

截至 2016 年年底，在拉丁美洲和加勒比，只有阿根廷开发建设了抽水蓄能电站，自 2000 年以来，装机容量始终保持为 98 万千瓦。

3 美洲水电行业发展概况

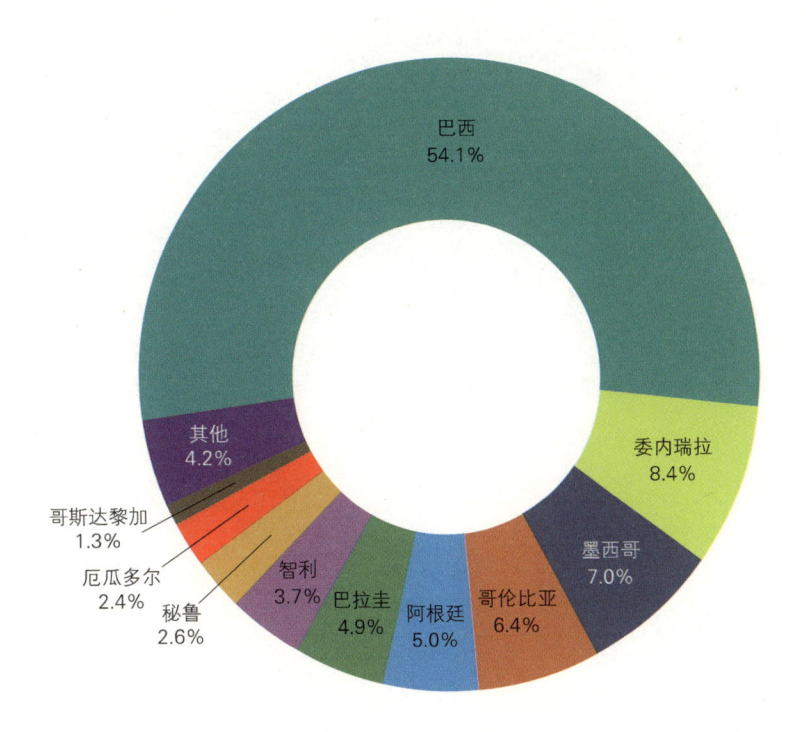

图 3.19 2016 年拉丁美洲和加勒比各国常规水电装机容量占比

4

欧洲、非洲和大洋洲水电行业发展概况

4.1 欧洲水电行业发展概况

根据《水电现状报告2017》，欧洲西巴尔干半岛地区的水电开发潜力巨大。欧盟致力于加强与阿尔巴尼亚、波斯尼亚和黑塞哥维那、科索沃、马其顿、黑山和塞尔维亚的区域合作，以促进西巴尔干半岛地区的水电发展。2016年，欧盟通过了西巴尔干半岛地区水电发展计划，旨在明确水电开发方式，平衡区域电力生产、防洪和生态保护。目前，西巴尔干半岛地区的多个国家尝试构建区域电力市场，通过扩大电力供需市场，加强不同区域电力市场的沟通联系，改善区域电力安全，提高效率并降低成本。

促进西巴尔干半岛地区水电发展的另一个驱动因素是发展水电有利于应对气候变化。洪灾是该地的主要自然灾害，历史上洪灾引发生命、财产和工业生产损失的情况时有发生。水电建设不仅能带来发电效益，还可提供防洪、灌溉、生产和生活用水等多方面效益。

2016—2020年，欧洲规划和在建的抽水蓄能电站装机容量约为250万千瓦，主要分布于法国和西班牙境内，旨在提供基本负荷、电力存储功能和电网稳定功能，并满足高峰期及事故情况的应急用电需求。同时，为了实现不同区域电网的互联互通，2016年欧盟宣布拨款1200万欧元支持阿尔巴尼亚与马其顿之间第一个电力输送系统建设，该项目是欧盟委员会在保加利亚、马其顿、阿尔巴尼亚、黑山和意大利之间建立东西电力输送走廊计划的一部分。

4.1.1 欧洲水电现状

4.1.1.1 装机容量

截至 2016 年年底,欧洲水电装机容量 2.67 亿千瓦,占欧洲可再生能源装机容量的 10.7%。欧洲水电装机容量比 2015 年增长 209 万千瓦,新增水电装机容量的 45.5% 来自法国。

2000—2016 年,欧洲水电装机容量持续增长,年均增长 189 万千瓦,年均增速 0.8%。2012 年和 2015 年,欧洲水电装机容量同比增速均为 1.2%,为 2000 年以来的最高水平。2016 年,欧洲水电装机容量同比增速 0.8%,与年均增速持平(见图 4.1)。

欧洲水电装机容量持续增长

欧洲水电装机容量 ↑ 0.8%

图 4.1　2000—2016 年欧洲水电装机容量及同比变化
数据来源:《可再生能源装机容量统计 2017》

截至 2016 年年底,欧洲各国水电装机容量超过 1000 万千瓦的国家有 9 个,包括俄罗斯、挪威、法国、意大利、西班牙、瑞典、瑞士、奥地利和德国(见图 4.2),9 个国家水电装机容量之和占欧洲水电装机容量的 77.4%。其中,俄罗斯水电装机容量占欧洲水电装机容量的 19.3%,位居欧洲各国之首(见图 4.3)。

俄罗斯水电装机容量位居欧洲之首

俄罗斯水电装机容量占比 19.3%

4.1.1.2 发电量

截至 2016 年年底,欧洲水电发电量 7608 亿千瓦时,比 2015 年下降 57 亿千瓦时,同比下降 0.7%。2000—2016 年,欧洲水电发电量在 6792 亿~8106 亿千瓦时之间波动,年均下降 7 亿千瓦

欧洲水电发电量呈波动态势

欧洲水电发电量 ↓ 0.7%

图4.2 2016年欧洲水电装机容量前15位国家（单位：万千瓦）

数据来源：《可再生能源装机容量统计2017》

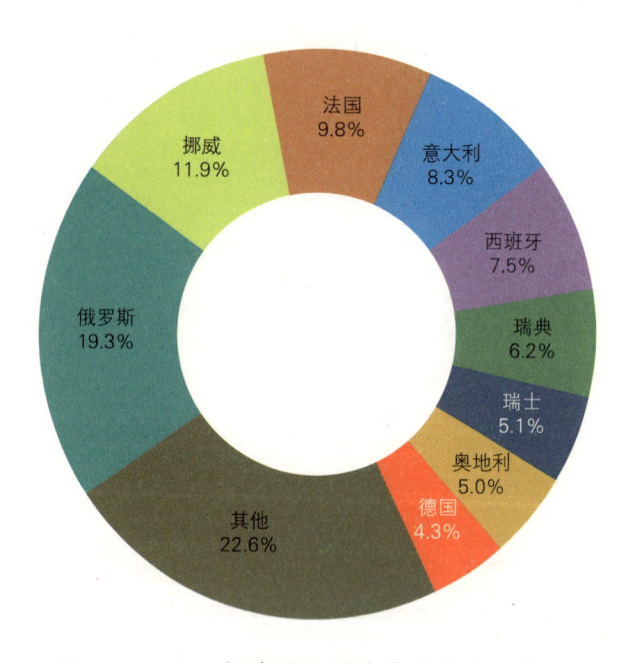

图4.3 2016年欧洲各国水电装机容量占比

时，年均增速-0.1%。2012年，欧洲水电发电量同比增速7.6%，为2000年以来的最高水平（见图4.4）。

截至2016年年底，俄罗斯、挪威、法国和瑞典4个国家的水电发电量均超过500亿千瓦时（见图4.5），占欧洲水电发电量的58.9%。其中，俄罗斯水电发电量占欧洲水电发电量的23.4%，位居欧洲之首（见图4.6）。

俄罗斯水电发电量位居欧洲之首

俄罗斯水电发电量占比 **23.4%**

4 欧洲、非洲和大洋洲水电行业发展概况

图 4.4　2000—2016 年欧洲水电发电量及同比变化

数据来源：《可再生能源统计 2017》《水电现状报告 2017》

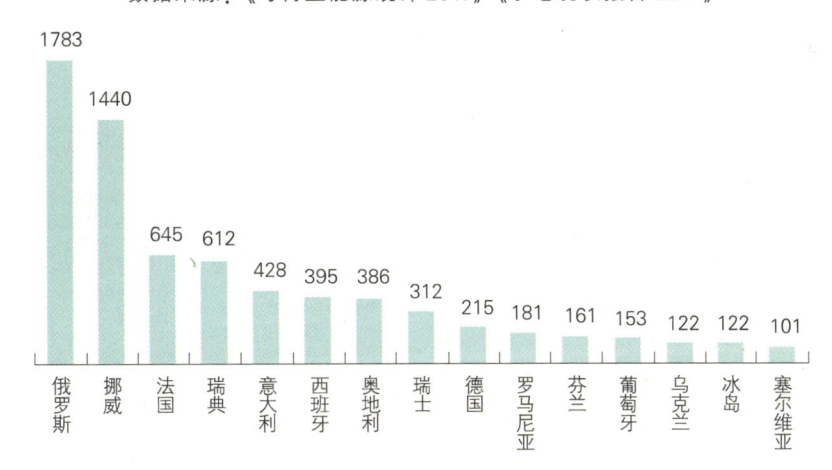

图 4.5　2016 年欧洲水电发电量前 15 位国家（单位：亿千瓦时）

数据来源：《可再生能源统计 2017》《水电现状报告 2017》

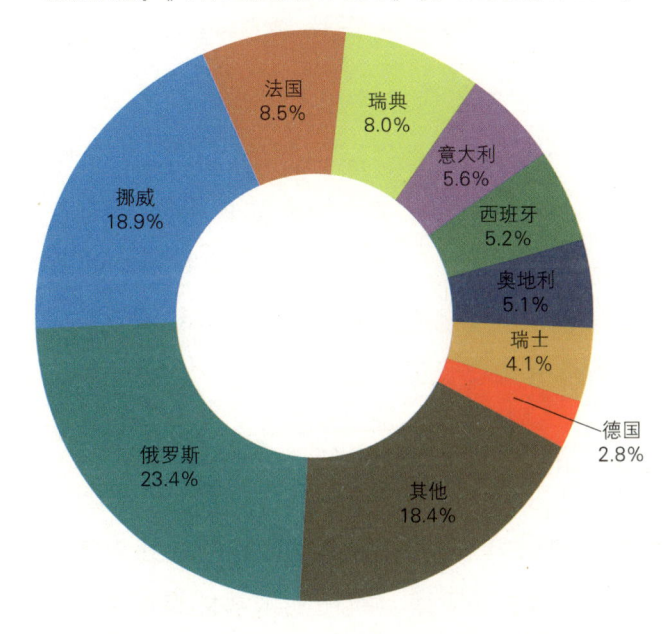

图 4.6　2016 年欧洲各国水电发电量占比

4.1.2 常规水电现状

欧洲常规水电装机容量持续增长

欧洲常规水电装机容量 **0.9%↑**

截至 2016 年年底，欧洲常规水电装机容量 2.13 亿千瓦，比 2015 年增长 193 万千瓦，新增常规水电装机容量的 49.2% 来自法国。

2000—2016 年，欧洲常规水电装机容量年均增加 6.6 万千瓦，年均增速 0.03%。2012 年，欧洲常规水电装机容量同比增速 1.4%，为 2000 年以来的最高水平。2016 年，欧洲常规水电装机容量同比增长 0.9%（见图 4.7）。

图 4.7　2000—2016 年欧洲常规水电装机容量及同比变化
数据来源：《可再生能源装机容量统计 2017》

俄罗斯常规水电装机容量位居欧洲之首

俄罗斯常规水电装机容量占比 **23.6%**

截至 2016 年年底，欧洲常规水电装机容量超过 1000 万千瓦的国家有 7 个，包括俄罗斯、挪威、法国、瑞典、意大利、西班牙和瑞士（见图 4.8），7 个国家常规水电装机容量之和占欧洲常规水电装机容量的 73.6%。其中，俄罗斯常规水电装机容量占欧洲常规水电装机容量的 23.6%，位居欧洲之首，比 2015 年下降了 0.2 个百分点（见图 4.9）。

4.1.3 抽水蓄能现状

欧洲抽水蓄能装机容量持续增长

欧洲抽水蓄能装机容量 **0.3↑**

截至 2016 年年底，欧洲抽水蓄能装机容量 5442 万千瓦，比 2015 年增长 16 万千瓦，新增抽水蓄能装机容量全部来自俄罗斯。2000—2016 年，欧洲抽水蓄能装机容量呈增长态势，年均增长

图 4.8　2016 年欧洲常规水电装机容量前 15 位国家（单位：万千瓦）

数据来源：《可再生能源装机容量统计 2017》

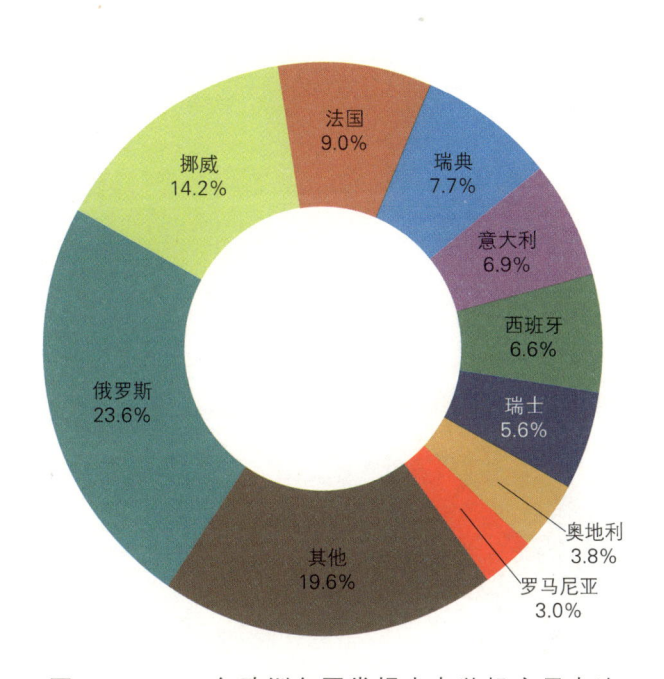

俄罗斯 5020
挪威 3030
法国 1911
瑞典 1637
意大利 1471
西班牙 1409
瑞士 1191
奥地利 815
罗马尼亚 636
乌克兰 470
德国 459
葡萄牙 438
芬兰 325
希腊 269
塞尔维亚 241

图 4.9　2016 年欧洲各国常规水电装机容量占比

俄罗斯 23.6%
挪威 14.2%
法国 9.0%
瑞典 7.7%
意大利 6.9%
西班牙 6.6%
瑞士 5.6%
奥地利 3.8%
罗马尼亚 3.0%
其他 19.6%

182 万千瓦，年均增速 4.9%。2007 年，欧洲抽水蓄能装机容量同比增速 88.4%，为 2000 年以来的最高水平（见图 4.10）。

截至 2016 年年底，意大利抽水蓄能装机容量 759 万千瓦（见图 4.11），占欧洲抽水蓄能装机容量的 13.9%，位居欧洲之首（见图 4.12），相对 2000 年增长 91.9%。

意大利抽水蓄能装机容量位居欧洲之首

意大利抽水蓄能装机容量占比

13.9%

图 4.10　2000—2016 年欧洲抽水蓄能装机容量及同比变化

数据来源：《可再生能源装机容量统计 2017》

图 4.11　2016 年欧洲抽水蓄能装机容量前 15 位国家（单位：万千瓦）

数据来源：《可再生能源装机容量统计 2017》

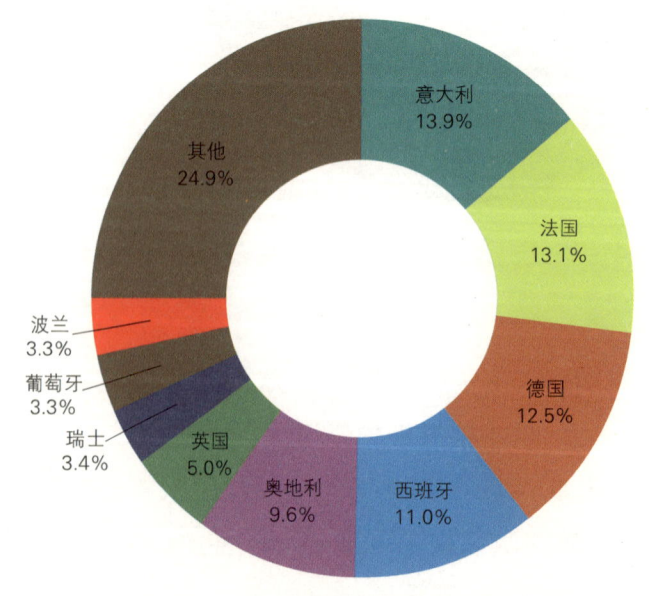

图 4.12　2016 年欧洲各国抽水蓄能装机容量占比

4.2 非洲水电行业发展概况

4.2.1 非洲水电现状

在非洲，尤其是撒哈拉以南地区，落后的电力基础设施是制约当地社会经济发展的主要因素。超过 30 个非洲国家面临电力短缺问题，频繁的停电迫使非洲各国不得不采取一些经济成本高、环境影响大的临时供电措施。通过实施各项优惠政策，非洲吸引了越来越多电力基础设施建设的国际投资。

非洲拥有丰富的电力资源，但电力资源分布不均衡、开发能力低下。非洲各国正致力于通过国际合作，建立非洲电力中枢，实现非洲各国电力的互联互通，以清洁和绿色的方式解决非洲能源问题，将资源优势转化为经济优势。

截至 2016 年年底，非洲新增水电装机容量 300 万千瓦，装机容量 133.2 万千瓦的茵古拉（Ingula）抽水蓄能电站已在南非投产。埃塞俄比亚的吉贝Ⅲ（Gibe Ⅲ）水电站也完成了最后 8 台机组的调试工作。

4.2.1.1 装机容量

截至 2016 年年底，非洲水电装机容量 3263 万千瓦，比 2015 年增长 351 万千瓦，新增水电装机容量的 53.4% 来自埃塞俄比亚。

2000—2016 年，非洲水电装机容量持续增长，年均增长 67 万千瓦，年均增速 2.5%。2016 年，非洲水电装机容量同比增速 12.0%，为 2000 年以来的最高水平（见图 4.13）。

截至 2016 年年底，非洲各国中埃塞俄比亚和南非的水电装机容量均超过 300 万千瓦（见图 4.14），占非洲水电装机容量的 22.2%。其中，埃塞俄比亚水电装机容量占非洲水电装机容量的 11.7%，比 2015 年提升了 5 个百分点，位居非洲之首（见图 4.15）。

非洲水电装机容量持续增长

非洲水电装机容量
↑ **12.0%**

埃塞俄比亚水电装机容量位居非洲之首

埃塞俄比亚水电装机容量占比
11.7%

图 4.13 2000—2016 年非洲水电装机容量及同比变化

数据来源：《可再生能源装机容量统计 2017》

图 4.14 2016 年非洲水电装机容量前 15 位国家（单位：万千瓦）

数据来源：《可再生能源装机容量统计 2017》

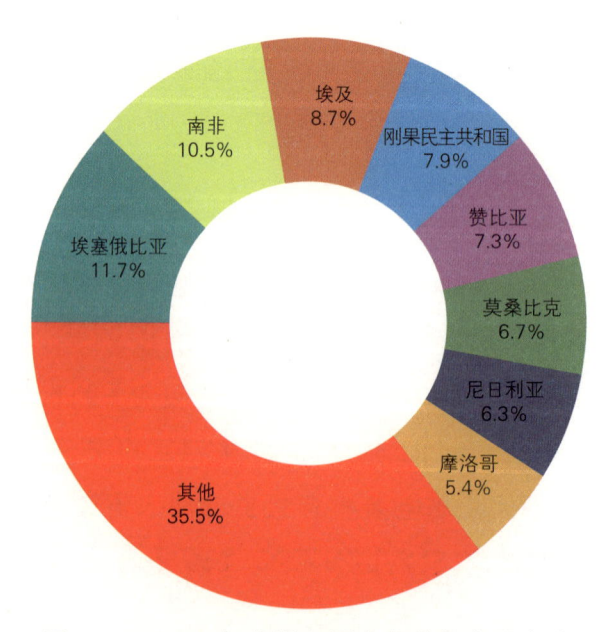

图 4.15 2016 年非洲各国水电装机容量占比

截至 2016 年年底，南非水电装机容量 343 万千瓦，比 2015 年增长 134 万千瓦，同比增长 63.7%，相对 2000 年增长 65.6%。2016 年，南非装机容量 133.2 万千瓦的茵古拉（Ingula）抽水蓄能电站投入使用。

4.2.1.2 发电量

截至 2016 年年底，非洲水电发电量 1074 亿千瓦时，比 2015 年下降 145 亿千瓦时，同比下降 11.9%。2000—2014 年，非洲水电发电量总体呈增长态势，2014 年达到峰值 1270 亿千瓦时，近两年持续下降。2000—2016 年，非洲水电发电量年均增长 18 亿千瓦时，年均增速 2.0%。2001 年，非洲水电发电量同比增速 6.5%，为 2000 年以来的最高水平（见图 4.16）。

> 非洲水电发电量呈波动态势
>
> 非洲水电发电量
> ↓ 11.9%

图 4.16　2000—2016 年非洲水电发电量及同比变化
数据来源：《可再生能源统计 2017》《水电现状报告 2017》

截至 2016 年年底，非洲各国中埃及和莫桑比克的水电发电量均超过 100 亿千瓦时（见图 4.17），占非洲水电发电量的 22.0%。其中，埃及水电发电量占非洲水电发电量的 12.2%，比 2015 年提升了 0.9 个百分点，位居非洲之首（见图 4.18）。

> 埃及水电发电量位居非洲之首
>
> 埃及水电发电量占比
> 12.2%

4.2.2　常规水电现状

截至 2016 年年底，非洲常规水电装机容量 2943 万千瓦，比 2015 年增长 217 万千瓦，新增常规水电装机容量的 86.2% 来自埃塞俄比亚。

> 非洲常规水电装机容量持续增长
>
> 非洲常规水电装机容量
> ↑ 8.0%

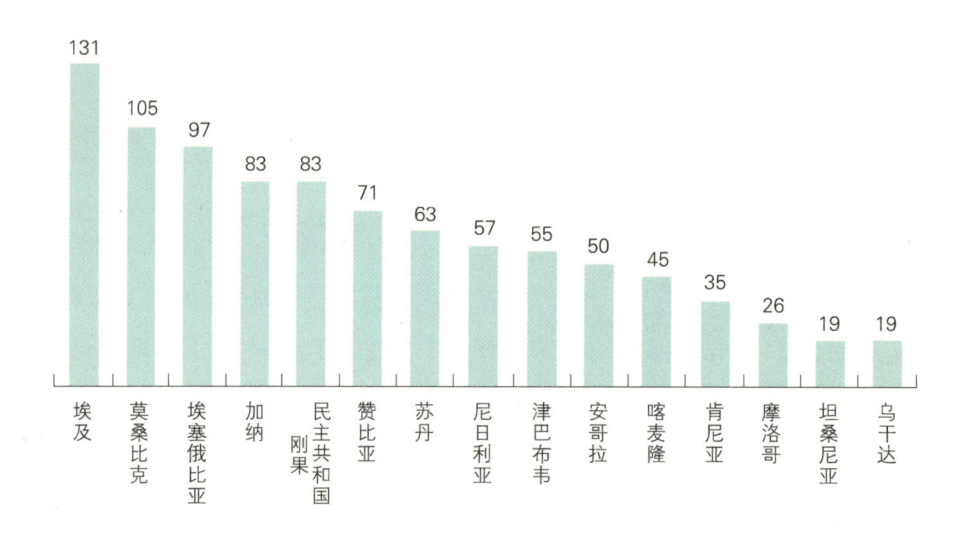

图 4.17　2016 年非洲水电发电量前 15 位国家（单位：亿千瓦时）
数据来源：《可再生能源统计 2017》《水电现状报告 2017》

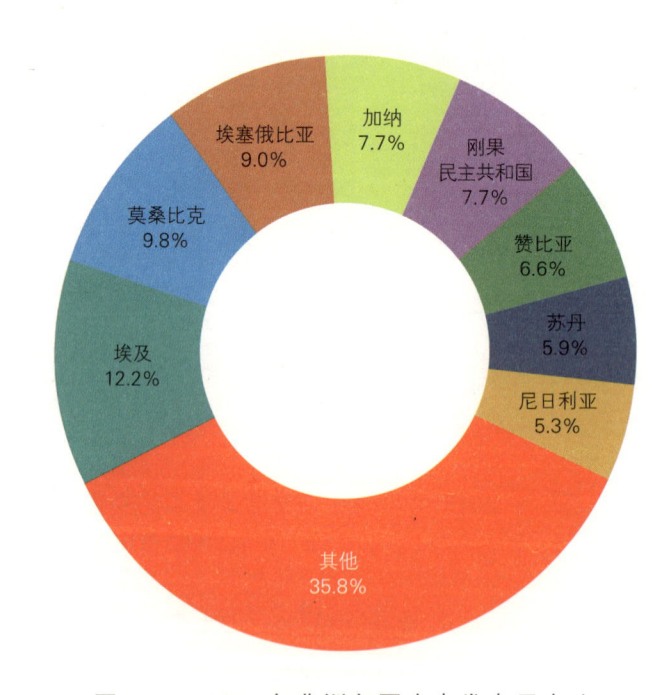

图 4.18　2016 年非洲各国水电发电量占比

埃塞俄比亚常规水电装机容量位居非洲之首

埃塞俄比亚常规水电装机容量占比
13.0%

2000—2016 年，非洲常规水电装机容量持续增长，年均增长 56 万千瓦，年均增速 2.3%。2016 年，非洲常规水电装机容量同比增速 8.0%，为 2000 年以来的最高水平（见图 4.19）。

截至 2016 年年底，非洲各国中埃塞俄比亚常规水电装机容量超过 300 万千瓦（见图 4.20），占非洲常规水电装机容量的 13.0%，比 2015 年提升了 5.8 个百分点，位居非洲之首（见图 4.21）。

图 4.19 2000—2016 年非洲常规水电装机容量及同比变化

数据来源：《可再生能源装机容量统计 2017》

图 4.20 2016 年非洲常规水电装机容量前 15 位国家（单位：万千瓦）

数据来源：《可再生能源装机容量统计 2017》

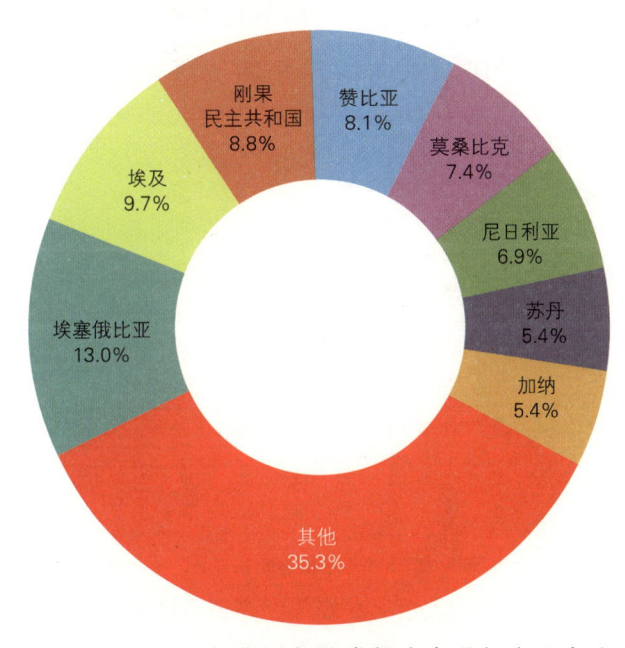

图 4.21 2016 年非洲各国常规水电装机容量占比

4.2.3 抽水蓄能现状

非洲抽水蓄能装机容量

71.5%↑

南非抽水蓄能装机容量位居非洲之首

南非抽水蓄能装机容量占比

85.3%

截至2016年年底，非洲抽水蓄能装机容量320万千瓦，比2015年增长133万千瓦，同比增长71.5%，新增抽水蓄能装机容量全部来自南非。

截至2016年年底，非洲各国仅南非和摩洛哥开发建设了抽水蓄能电站。其中，南非抽水蓄能装机容量占非洲抽水蓄能装机容量的85.3%。2016年，南非抽水蓄能装机容量273万千瓦，比2015年增长133万千瓦，同比增长95.1%，相对2000年增长95.1%。

4.3 大洋洲水电行业发展概况

4.3.1 大洋洲水电现状

4.3.1.1 装机容量

大洋洲水电装机容量增长缓慢

大洋洲水电装机容量与上一年度持平

截至2016年年底，大洋洲水电装机容量1387万千瓦，与2015年持平。2000—2016年，大洋洲水电装机容量呈阶段式下降，2007年和2013年分别较上一年度有大幅下降，之后趋于平稳。大洋洲水电装机容量年均下降6万千瓦，年均增速-0.4%。2002年，大洋洲水电装机容量同比增速0.9%，为2000年以来的最高水平（见图4.22）。

图4.22 2000—2016年大洋洲水电装机容量及同比变化

数据来源：《可再生能源装机容量统计2017》

4 欧洲、非洲和大洋洲水电行业发展概况

截至2016年年底，大洋洲各国中澳大利亚和新西兰两个国家的水电装机容量超过500万千瓦（见图4.23），占大洋洲水电装机容量的96.1%。其中，澳大利亚水电装机容量占大洋洲水电装机容量的58.0%，与2015年占比持平，位居大洋洲之首（见图4.24）。

澳大利亚水电装机容量位居大洋洲之首

澳大利亚水电装机容量占比

58.0%

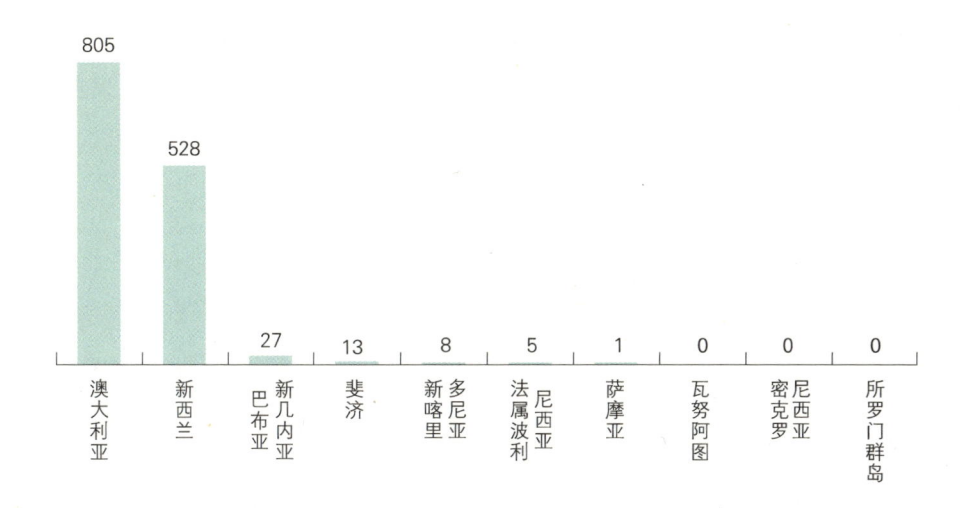

图4.23 2016年大洋洲各国水电装机容量（单位：万千瓦）
数据来源：《可再生能源装机容量统计2017》

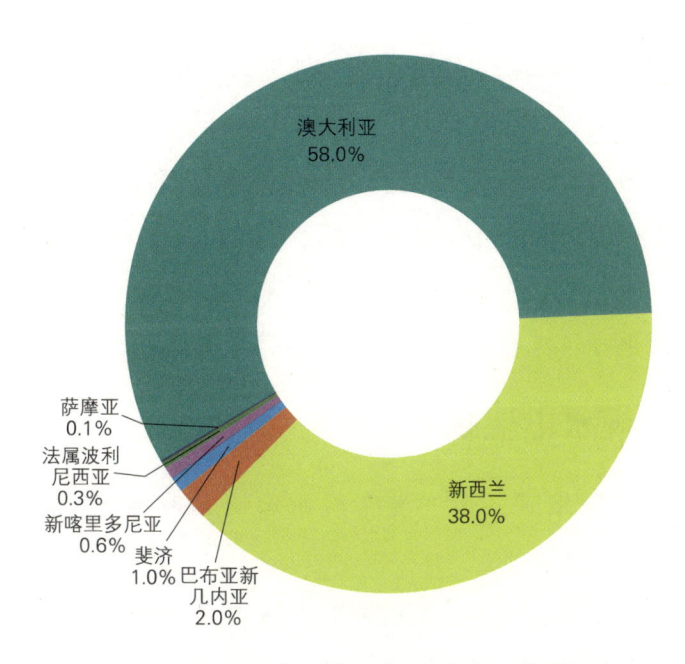

国家	装机容量
澳大利亚	805
新西兰	528
巴布亚新几内亚	27
斐济	13
新喀里多尼亚	8
法属波利尼西亚	5
萨摩亚	1
瓦努阿图	0
密克罗尼西亚	0
所罗门群岛	0

图4.24 2016年大洋洲各国水电装机容量占比

- 澳大利亚 58.0%
- 新西兰 38.0%
- 巴布亚新几内亚 2.0%
- 斐济 1.0%
- 新喀里多尼亚 0.6%
- 法属波利尼西亚 0.3%
- 萨摩亚 0.1%

4.3.1.2 发电量

截至 2016 年年底，大洋洲水电发电量 440 亿千瓦时，比 2015 年增长 41 亿千瓦时，新增水电发电量的 87.7% 来自澳大利亚。

2000—2016 年，大洋洲水电发电量在 364 亿～453 亿千瓦之间波动，年均增长 0.7 亿千瓦时，年均增速 0.2%。2013 年，大洋洲水电发电量同比增速 11.0%，为 2000 年以来的最高水平。2016 年，大洋洲水电发电量同比增速 10.4%，为 2000 年以来的次高水平（见图 4.25）。

大洋洲水电发电量呈波动态势

大洋洲水电发电量
10.4% ↑

图 4.25　2000—2016 年大洋洲水电发电量及同比变化
数据来源：《可再生能源统计 2017》《水电现状报告 2017》

新西兰水电发电量位居大洋洲之首

新西兰水电发电量占比
57.0%

截至 2016 年年底，新西兰和澳大利亚两个国家的水电发电量均超过 100 亿千瓦时（见图 4.26），占大洋洲水电发电量的 95.9%。其中，新西兰水电发电量占大洋洲水电发电量的 57.0%，比 2015 年回落了 4.4 个百分点，位居大洋洲之首（见图 4.27）。

4.3.2　常规水电现状

大洋洲常规水电装机容量增长缓慢

大洋洲常规水电装机容量与上一年度持平

截至 2016 年年底，大洋洲常规水电装机容量 1313 万千瓦，与 2015 年持平。

2000—2016 年，大洋洲常规水电装机容量先增长后减少，2012 年达到峰值，2013 年大幅下降，之后有所增长。大洋洲常规水电装机容量年均下降 1 万千瓦，年均增速 -0.1%。2002 年，

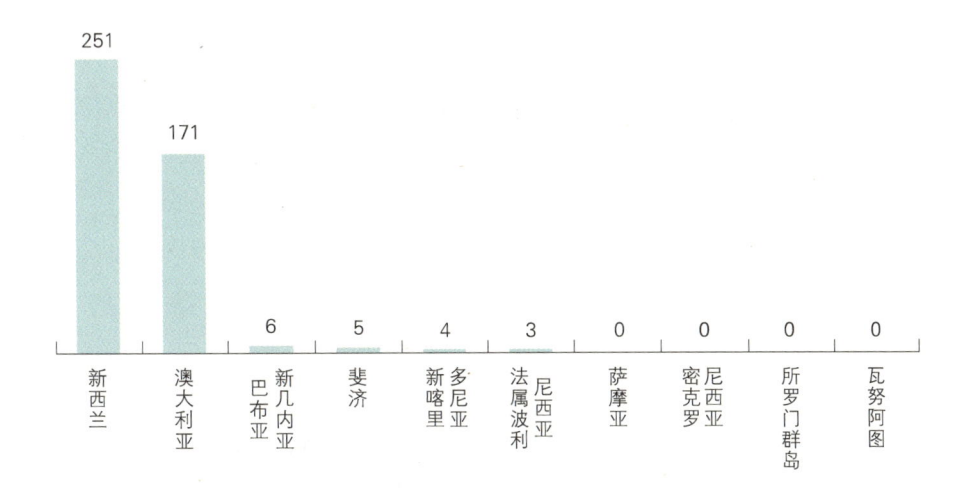

4　欧洲、非洲和大洋洲水电行业发展概况

图 4.26　2016 年大洋洲各国水电发电量（单位：亿千瓦时）
数据来源：《可再生能源统计 2017》《水电现状报告 2017》

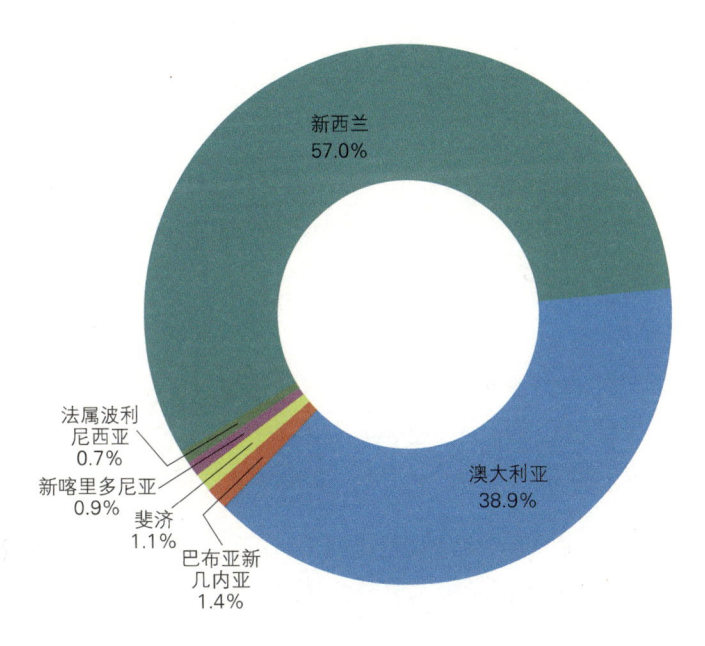

图 4.27　2016 年大洋洲各国水电发电量占比

大洋洲水电装机容量同比增速 1.0%，为 2000 年以来的最高水平（见图 4.28）。

截至 2016 年年底，大洋洲各国中澳大利亚和新西兰两个国家的常规水电装机容量超过 500 万千瓦（见图 4.29），占大洋洲常规水电装机容量的 95.9%。其中，澳大利亚常规水电装机容量

澳大利亚常规水电装机容量位居大洋洲之首

澳大利亚常规水电装机容量占比

55.7%

71

图 4.28　2000—2016 年大洋洲常规水电装机容量及同比变化

数据来源：《可再生能源装机容量统计 2017》

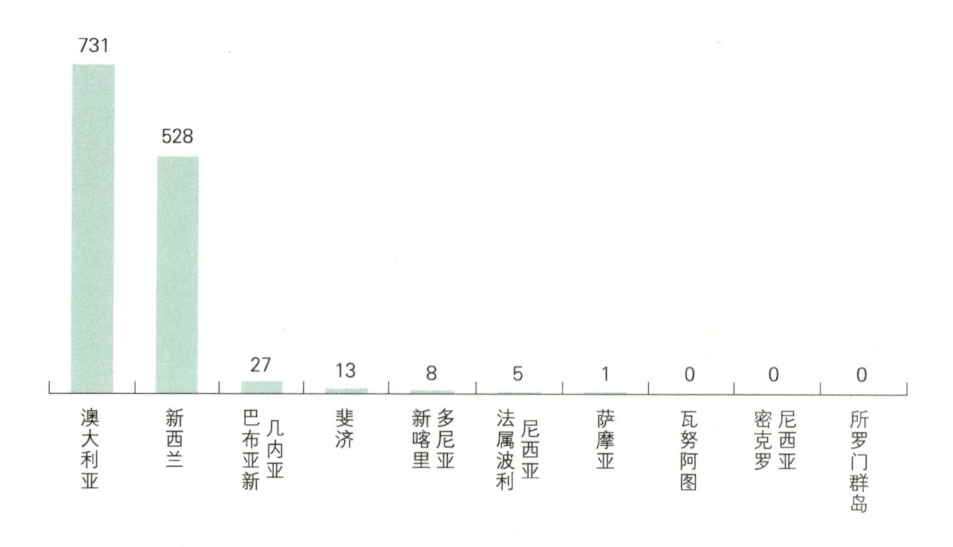

图 4.29　2016 年大洋洲各国常规水电装机容量（单位：万千瓦）

数据来源：《可再生能源装机容量统计 2017》

占大洋洲常规水电装机容量的 55.7%，与 2015 年占比持平，位居大洋洲之首（见图 4.30）。

4.3.3　抽水蓄能现状

截至 2016 年年底，大洋洲各国中仅澳大利亚开发建设了抽水蓄能电站，装机容量 74 万千瓦，与 2015 年持平。

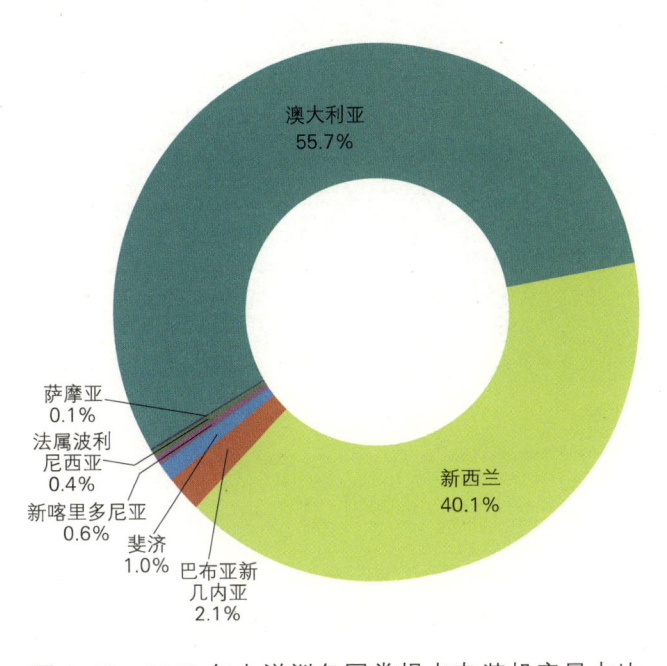

图 4.30　2016 年大洋洲各国常规水电装机容量占比

5

大坝建设与技术

5.1 坝高前 100 名大坝

全球坝高 30 米以上大坝

15220 座

根据国际大坝委员会（ICOLD）2017 年发布的 World Register of Dams（世界水坝注册数据库）统计，截至 2016 年年底，全球坝高 30 米以上的大坝（含在建）有 15220 座（见表 5.1～表 5.5）。其中，土坝 6956 座，占 46%；重力坝 3320 座，占 22%；堆石坝 2314 座，占 15%；拱坝 1494 座，占 10%；其他类型大坝 1136 座，占 7%（见图 5.1）。

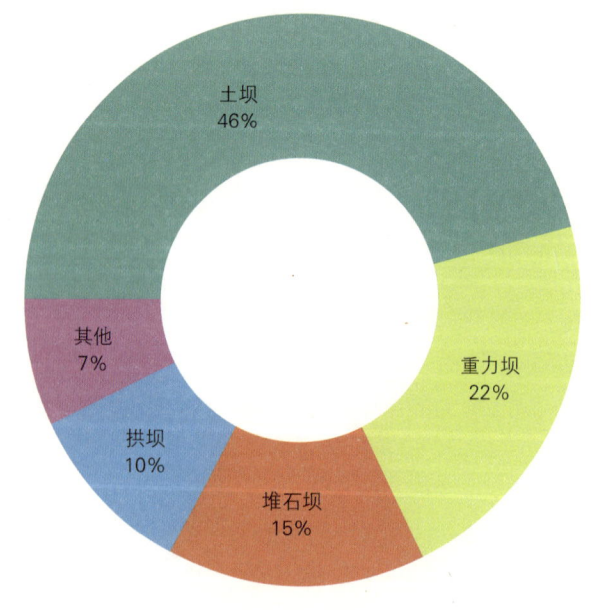

图 5.1 2016 年全球坝高 30 米以上的大坝坝型分布

表 5.1　　全球坝高前 20 名大坝

序号	坝 名		国家	坝型	坝高/米	总库容/亿立方米	装机容量/万千瓦	建成年份
1	锦屏一级	Jinping Ⅰ	中国	VA	305	77.6	360	2014
2	努列克	Nurek	塔吉克斯坦	TE	300	105	270	1980
3	两河口	Lianghekou	中国	ER	295	101.54	300	在建
4	小湾	Xiaowan	中国	VA	294	150.43	420	2012
5	溪洛渡	Xiluodu	中国	VA	286	129.14	1386	2015
6	大狄克逊	Grande Dixence	瑞士	PG	285	4.01	80.4	1962
7	白鹤滩	Baihetan	中国	VA	277	188	1400	在建
8	英古里	Inguri	格鲁吉亚	VA	272	11	132	1987
9	迪阿莫-巴沙	Diamer-Bhasha	巴基斯坦	PG	272	100	480	在建
10	优素费利	Yusufeli	土耳其	VA	270	10.8	54	在建
11	博鲁卡	Boruca	哥斯达黎加	TE	267	149.6	140	1990
12	瓦依昂	Vajont	意大利	VA	262	1.68	—	1960
13	奇柯阿森	Chicoasen	墨西哥	TE	262	16.13	150	1980
14	糯扎渡	Nuozhadu	中国	ER	262	237.03	565	2015
15	阿尔瓦罗·欧博雷冈	Alvaro Obregon	墨西哥	PG	260	4	8.64	1952
16	特里	Tehri	印度	TE/PG/ER	260	26	240	2005
17	茨哈峡	Cihaxia	中国	ER	254	41	260	在建
18	莫瓦桑	Mauvoisin	瑞士	VA	250	2.11	36.3	1957
19	拉西瓦	Laxiwa	中国	VA	250	10.79	420	2010
20	德里内尔	Deriner	土耳其	VA	249	19.69	67	2013

注　1. 数据来源：世界水坝注册数据库 (2017)。
　　2. VA—拱坝；PG—重力坝；ER—堆石坝；TE—土坝。

表 5.2　　全球坝高前 10 名拱坝

序号	坝 名		国家	坝高/米	总库容/亿立方米	装机容量/万千瓦	建成年份
1	锦屏一级	Jinping Ⅰ	中国	305	77.6	360	2014
2	小湾	Xiaowan	中国	294	150.43	420	2012
3	溪洛渡	Xiluodu	中国	286	129.14	1386	2015
4	白鹤滩	Baihetan	中国	277	188	1400	在建
5	英古里	Inguri	格鲁吉亚	272	11	132	1987
6	优素费利	Yusufeli	土耳其	270	10.8	54	在建
7	瓦依昂	Vajont	意大利	262	1.68	—	1960

续表

序号	坝 名		国家	坝高/米	总库容/亿立方米	装机容量/万千瓦	建成年份
8	莫瓦桑	Mauvoisin	瑞士	250	2.11	36.3	1957
9	拉西瓦	Laxiwa	中国	250	10.79	420	2010
10	德里内尔	Deriner	土耳其	249	19.69	67	2013

注 数据来源：世界水坝注册数据库（2017）。

表 5.3　　　　　全球坝高前 10 名重力坝

序号	坝 名		国家	坝高/米	总库容/亿立方米	装机容量/万千瓦	建成年份
1	大狄克逊	Grande Dixence	瑞士	285	4.01	80.4	1962
2	迪阿莫-巴沙	Diamer-Bhasha	巴基斯坦	272	100	480	在建
3	阿尔瓦罗·欧博雷冈	Alvaro Obregon	墨西哥	260	4	8.64	1952
4	吉贝Ⅲ	GibeⅢ	埃塞俄比亚	243	146.9	187	2016
5	吉申	Kishau	印度	236	18.1	60	1995
6	塔桑	Tasang	缅甸	228	—	710	在建
7	巴拉克	Bhakra	印度	226	96.2	132.5	1963
8	德沃夏克	Dworshak	美国	219	42.8	40	1973
9	龙滩	Longtan	中国	216	299.2	630	2009
10	托克托古尔	Toktogul	吉尔吉斯斯坦	215	195	120	1978

注 数据来源：世界水坝注册数据库（2017）。

表 5.4　　　　　全球坝高前 10 名堆石坝

序号	坝 名		国家	坝高/米	总库容/亿立方米	装机容量/万千瓦	建成年份
1	两河口	Lianghekou	中国	295	101.54	300	在建
2	糯扎渡	Nuozhadu	中国	262	237.03	565	2015
3	茨哈峡	Cihaxia	中国	254	41	260	在建
4	阿尔伯托·里拉斯	Alberto Lleras	哥伦比亚	243	9.7	115	1989
5	长河坝	Changheba	中国	240	10.75	260	2013
6	奇沃尔	La Esmeralda	哥伦比亚	237	7.6	100	1976
7	水布垭	Shuibuya	中国	233	45.8	184	2009
8	猴子岩	Houziyan	中国	224	7.06	170	2016
9	伊尔普拉塔那尔	El Platanal	秘鲁	221	—	—	在建
10	南俄 3	Nam Ngum 3	老挝	220	13.2	44	2002

注 数据来源：世界水坝注册数据库（2017）。

表 5.5　　　　　　　　全球坝高前 10 名土坝

序号	坝	名	国家	坝高/米	总库容/亿立方米	装机容量/万千瓦	建成年份
1	努列克	Nurek	塔吉克斯坦	300	105	270	1980
2	博鲁卡	Boruca	哥斯达黎加	267	149.6	140	1990
3	奇柯阿森	Chicoasen	墨西哥	262	16.13	150	1980
4	特里	Tehri	印度	260	26	240	2005
5	瓜维奥	Guavio	哥伦比亚	247	9	160	1992
6	麦卡	Mica	加拿大	243	250	180.5	1972
7	奥罗维尔	Oroville	美国	235	43.7	76.2	1968
8	贝克赫姆	Bekhme	伊拉克	230	170	150	在建
9	圣罗可	San Roque	菲律宾	200	8.4	34.5	2003
10	七橡树	Seven Oaks	美国	193	1.79	—	1999

注　数据来源：世界水坝注册数据库（2017）。

全球坝高 30 米以上的大坝中，土坝数量最多，坝高多为 30~60 米。混凝土拱坝和重力坝仍占重要地位，面板堆石坝近年来得到了较快发展。

全球坝高前 100 名大坝中，拱坝占 44%，位居各类坝型之首，堆石坝占 28%，重力坝占 16%，土坝仅占 12%（见图 5.2）。

> 全球坝高前 100 名大坝中拱坝位居各类坝型之首

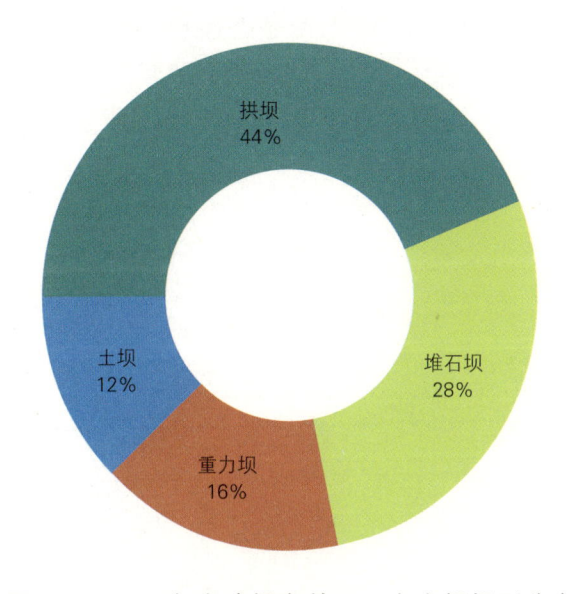

图 5.2　2016 年全球坝高前 100 名大坝坝型分布

全球坝高前100名大坝集中分布于亚洲

亚洲大坝占比
52%

全球坝高前100名大坝中，亚洲52座，数量最多，美洲其次，有34座，欧洲12座，非洲2座（见图5.3）。我国锦屏一级拱坝是全球同类坝型中第一高坝，坝高305米，位于四川省凉山州盐源县与木里县交界处，建成于2014年；总库容77.6亿立方米，调节库容49.1亿立方米，装机容量360万千瓦，是雅砻江下游河段的龙头水电站。

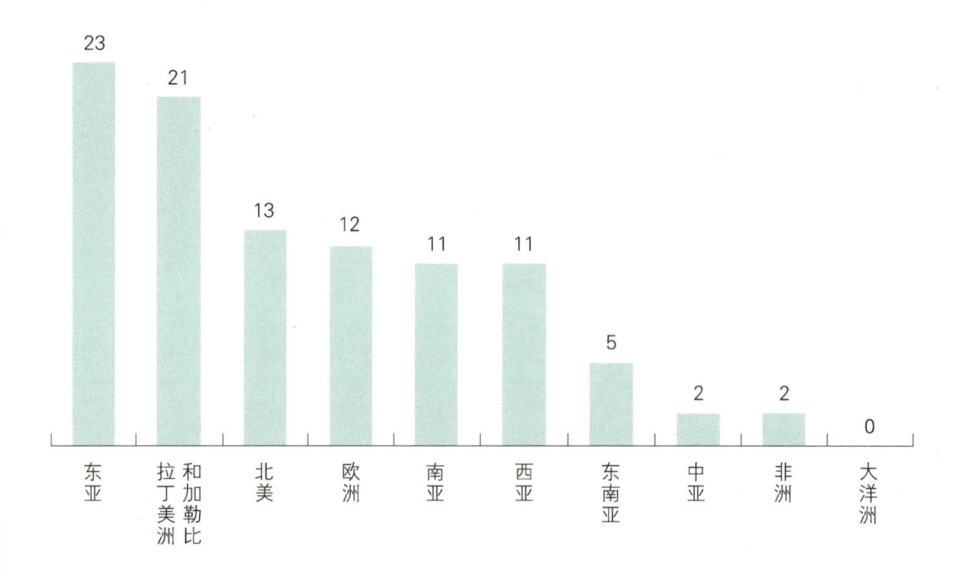

东亚 23｜拉丁美洲和加勒比 21｜北美 13｜欧洲 12｜南亚 11｜西亚 11｜东南亚 5｜中亚 2｜非洲 2｜大洋洲 0

图5.3　2016年全球坝高前100名大坝区域分布

全球坝高前100名大坝主要建成于2000年以后

2000年以后建成大坝占比
51%

1990年以来，水电建设技术突飞猛进并日趋成熟，为建设高坝大库提供了可行性。2000年以来建成的高坝数量有51座（见图5.4）。

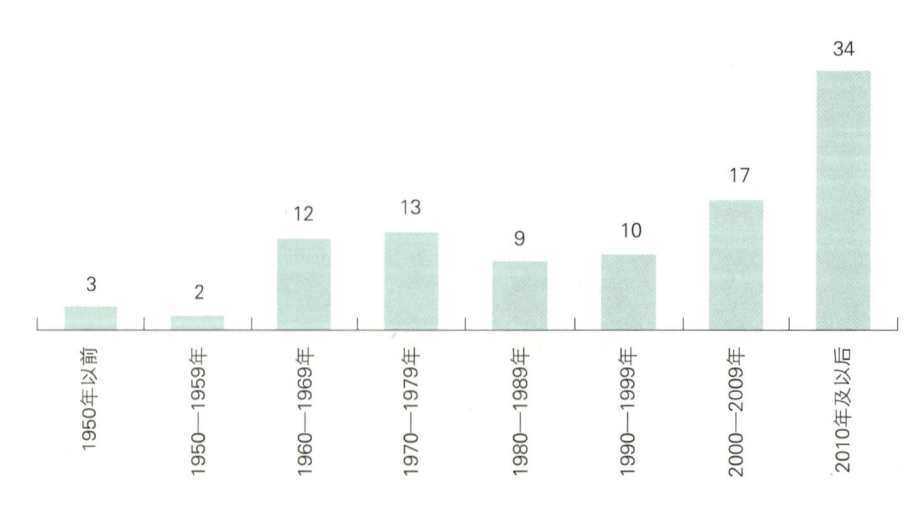

1950年以前 3｜1950—1959年 2｜1960—1969年 12｜1970—1979年 13｜1980—1989年 9｜1990—1999年 10｜2000—2009年 17｜2010年及以后 34

图5.4　2016年全球坝高前100名大坝建成时期

5.2 库容前 100 名大坝

根据国际大坝委员会（ICOLD）2017 年发布的 World Register of Dams (世界水坝注册数据库) 统计，截至 2016 年年底，全球库容前 100 名大坝中，重力坝数量最多，占 37%，土坝占 31%，堆石坝占 20%，拱坝占 12%（见表 5.6 和图 5.5）。

表 5.6 全球库容前 20 名大坝

序号	坝名		国家	坝型	总库容/亿立方米	坝高/米	装机容量/万千瓦	建成年份
1	欧文瀑布	Owen Falls	乌干达	PG	2048	31	18	1954
2	卡里巴	Kariba	赞比亚/津巴布韦	VA	1806	128	131.9	1959
3	布拉茨克	Bratsk	俄罗斯	PG	1690	125	450	1964
4	阿斯旺	Aswan	埃及	ER	1620	111	210	1970
5	阿科松博	Akosombo	加纳	ER	1500	134	102	1965
6	丹尼尔·约翰逊	Daniel Johnson	加拿大	VA	1418.5	214	159.6	1968
7	古里	Guri	委内瑞拉	PG/ER/TE	1350	162	1000	1986
8	班尼特	Bennett	加拿大	TE	743	183	273	1967
9	克拉斯诺亚尔斯克	Krasnoyarsk	俄罗斯	PG	733	124	600	1967
10	结雅	Zeya	俄罗斯	PG	684	115	133	1978
11	海大瑟	Hidase	埃塞俄比亚	PG	630	170	525	2017
12	拉格郎德 2 级	La Grande-2	加拿大	ER	617.2	168	772.2	1992
13	拉格郎德 3 级	La Grande-3	加拿大	ER	600.2	93	241.8	1984
14	乌斯季伊利姆	Ust-Ilimsk	俄罗斯	PG	593	102	384	1977
15	博古昌	Boguchany	俄罗斯	ER/PG	582	87	400	2012
16	古比雪夫	Kuibyshev	俄罗斯	PG	580	45	230	1955
17	塞拉达梅萨	Serra da Mesa	巴西	ER	544	154	127.5	1998
18	卡尼亚皮斯科	Caniapiscau	加拿大	ER	537.9	54	71.2	1981
19	卡布拉巴萨	Cahora Bassa	莫桑比克	VA	520	171	207.5	1974
20	上韦恩根格	Upper Wainganga	印度	TE	507	43	60	1998

注 1. 数据来源：世界水坝注册数据库（2017）。
   2. VA—拱坝；PG—重力坝；ER—堆石坝；TE—土坝。

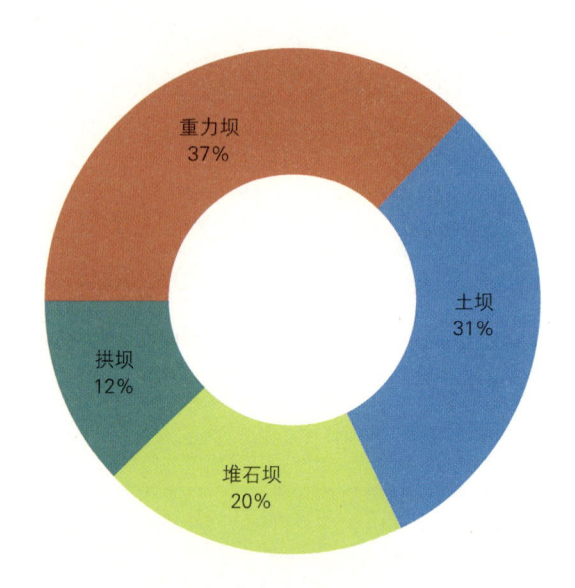

图 5.5　2016 年全球库容前 100 名大坝坝型分布

全球库容前 100 名大坝集中分布于美洲

美洲大坝占比
45%

全球库容前 100 名大坝中，美洲 45 座，数量最多，亚洲 25 座，欧洲 19 座，非洲 10 座，大洋洲 1 座（见图 5.6）。欧文瀑布水库为全球库容最大的水库，位于乌干达维多利亚湖省的尼罗 (Nile) 河上，总库容 2048 亿立方米；坝型为混凝土重力坝，坝高 31 米，装机容量 18 万千瓦，于 1954 年建成。

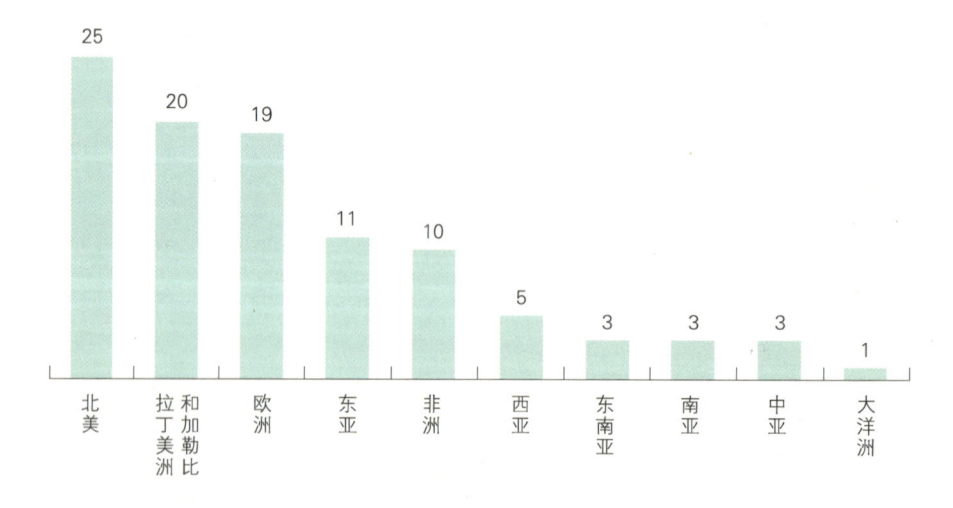

图 5.6　2016 年全球库容前 100 名大坝区域分布

全球库容前 100 名大坝主要建成于 1950—1980 年

1950—1980 年建成大坝占比
59%

1950 年以来，全球防洪灌溉需求日趋迫切。1950—1980 年建成的大坝数量有 59 座（见图 5.7）。

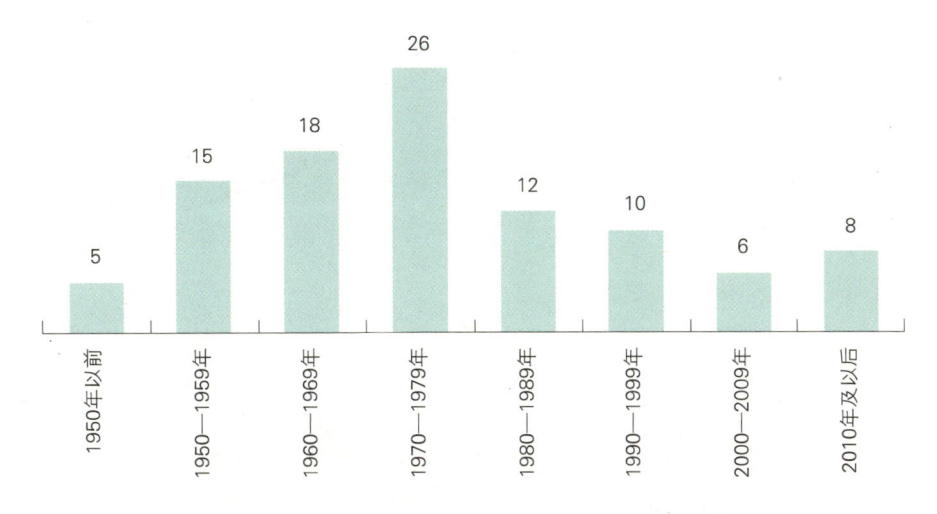

图 5.7　2016 年全球库容前 100 名大坝建成时期

5.3　水电技术

5.3.1　水电技术概览

水力发电的基本原理是将水的势能（通常以水头和质量流率表示）转化为涡轮的机械能，推动发电机产生电力。水力发电技术灵活，能够快速响应电网电力需求波动、电力生产优化以及补偿其他能源的电力损失。水力发电有多种分类方式，按照水电站利用水源的性质，可以分为常规水电站、抽水蓄能电站和潮汐电站；按照装机容量大小，可以分为大型水电站、中型水电站和小型水电站。

常规水电站发电过程为：河流的水由拦水设施攫取后，经过压力隧道、压力钢管等设施送至电厂，通过涡轮机叶片旋转，水能被转化为动能，进而驱动发电机产生电力。

抽水蓄能电站由不同高度的两个或多个天然或人造（水坝）水库组成。当发电超过电网需求时，利用电力负荷低谷时的电能抽水至上水库，在电力负荷高峰期再放水至下水库发电。

5.3.2　水电建设技术

通过技术创新和设备集成，可实现水电设备降耗和性能提升，推动流域水电开发。美国《水电愿景：美国第一大可再生能源电源的新篇章》提出的技术创新包括：集成涡轮机/发电机组，使用叠层复合材料，淘汰传统的压力管道和发电厂房。

图5.8为模块化设计的新型径流式水电站，由基础模块、发电模块、廊道模块组成，各模块均可标准化生产，可快速组装完成水电站建设，满足特定位置环境要求和发电目标。

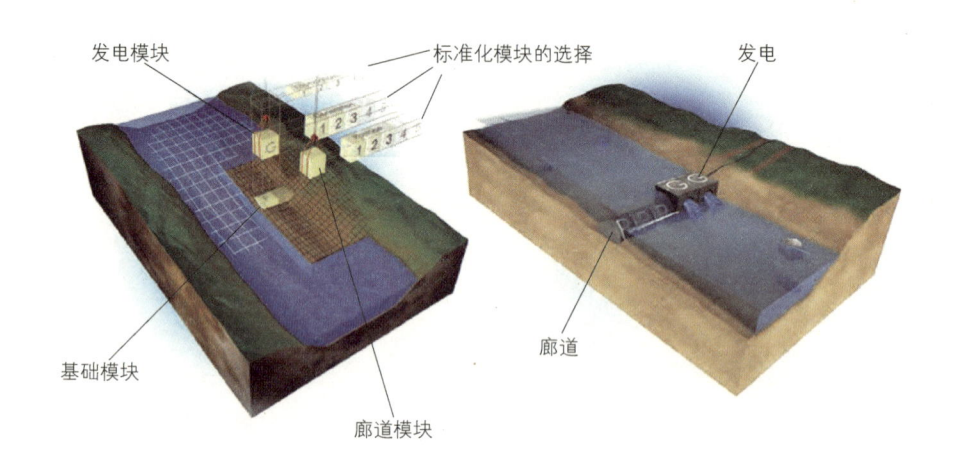

图5.8　新型径流式水电站模块化设计
照片来源：《水电愿景：美国第一大可再生能源电源的新篇章》

流域新开发的低水头电站，采用传统发电设备的建设成本较高。通过研发新型发电机/涡轮机，可以实现紧凑化集成设计，减少设备的日常维护。如图5.9所示，将发电机和涡轮机集成在同一壳体中，简化了机械设备和电气元件，提高了系统整体效率和可靠性。

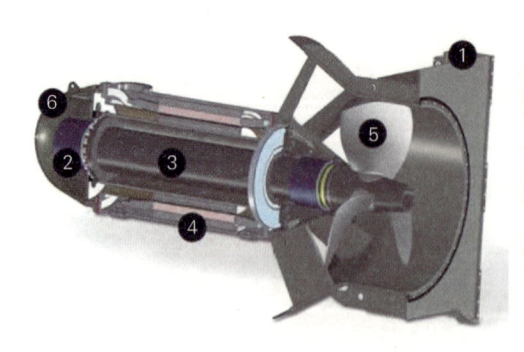

图5.9　发电机/涡轮机集成化设计
1—带导流叶片的涡轮机外壳；2—轴端径向和轴向轴承；3—轴；
4—发电机/涡轮机；5—叶片；6—球鼻
照片来源：《水电愿景：美国第一大可再生能源电源的新篇章》

5.3.3 抽水蓄能技术

抽水蓄能是目前应用最广泛的电力储能技术，主要功能是利用储能作用削峰填谷，在提供负荷、能源储存和电网服务等方面效率较高，能够满足波动性较大的多种可再生能源组合发电的需求，将电网负荷低时的多余电能，转变为电网高峰时期的高价值电能，还适用于调频、调相，稳定电力系统的周波和电压，在电力存储方面优势明显。抽水蓄能具有技术成熟、效率高、容量大、储能周期长等优点，以及为电力系统提供调峰储能、稳定电网等功能，是区域尺度实现大规模电力储存较为经济的方式，可为电力系统运行调度提供更大的灵活性和稳定性。

(1) 储能技术提高电网灵活性。发展清洁能源需要提高电力系统的灵活性，以便在供需快速变化时，维持稳定的电力服务。电力储能是实现电力系统削峰填谷、可再生能源大规模接入，以及智能电网和分布式供能系统的关键技术之一，对能源的低碳、高效、安全利用具有重要作用。近年来，风电和光伏发电等间歇式能源快速增长，对储能技术的快速响应提出了更高要求。

未来水电系统数字化程度的提高，为水能与其他可再生能源互补发展提供了可能，同时也增强了辅助功能（频率控制、平衡服务等）的灵活性和可控性，给新的抽水蓄能项目带来了发展机遇。

(2) 能源互补促进电网稳定性。抽水蓄能与风电和光伏发电等间歇式能源互补，可提供负荷和能量存储，平衡了这些能源的波动性，并提供峰值负荷，减少对过剩发电的限制，实现了电力系统间歇式能源的整合。随着电网安全稳定经济运行要求不断提高和间歇式能源份额快速上升，建设风光水互补的抽水蓄能电站的重要性日益凸显。各国积极探索研发风电、光伏发电与水电互补的可再生能源系统，如光伏电站与抽水蓄能电站结合、风水混合动力抽水蓄能电站、水上漂浮式光伏电站等。

澳大利亚北昆士兰州的基斯顿抽水蓄能电站与5万千瓦的光伏电站结合，建成后将拥有25万千瓦的装机容量。德国成功研发了一种新型风水混合动力抽水蓄能系统，将风力涡轮机底座加高，设置水槽作为抽水蓄能的上库，通过整合不同风力发电频率强化风力涡轮机的性能，优化风能利用，该技术已顺利投产。

水上光伏项目可通过在水库水面安装漂浮的光伏发电设施，充分利用现有电力基础设施提高发电效率，减少库区水面蒸发损失。该技术受到各国广泛关注，例如，印度计划在柯依那（Koyna）水电站建设60万千瓦的水上光伏项目；巴西在巴尔比纳（Balbina）水电站和索布拉廷诺（Sobradinho）水电站安装了浮动光伏系统，在旱季水电站供电不足时供电；日本也有相应的水上漂浮式光伏电站投产。

2016年7月，国家发展和改革委员会、国家能源局发布了《关于推进多能互补集成优化示范工程建设的实施意见》，以加快推进多能互补集成优化示范工程建设，提高能源系统效率，增加有效供给，满足合理需求，带动有效投资，促进经济稳定增长，并公示了首批多能互补集成优化示范工程。

5.4 应对气候变化的水电发展

气候变化背景下的水电发展具有二元属性。

一方面，作为一种重要的清洁、可再生能源，水电有利于促进温室气体减排。根据《水电现状报告2017》，与常规燃煤电厂相比，全球水电每年可减排30亿吨二氧化碳，占二氧化碳年排放量的9%。同时，发展水电可带来巨大的减排效益，根据2016年美国能源部发布的《水电愿景：美国第一大可再生能源电源的新篇章》，2050年，水电可为美国创造温室气体减排效益2090亿美元。

各国政府将发展水电作为实现温室气体减排目标的重要手段。马来西亚政府大力发展水电，以期到2030年温室气体比2005年减排45%；截至2015年年底，马来西亚温室气体已下降了33%。2016年，马来西亚、老挝和泰国就电力合作签署了三方谅解备忘录，预计2018年，马来西亚将从老挝购买约10万千瓦的水电，通过马来西亚-泰国-老挝联合电网输送至马来西亚，进一步实现减排目标。

另一方面，气候变化可能影响河流水文情势，进而影响水电开发。根据《水电现状报告2017》，与水电行业相关的50多个组织中，98%的组织表示受到了气候变化影响，或者未来30年内可能受到影响。

为减缓气候变化对水电建设的影响，世界银行已经启动了气候变化应对措施，制定项目指导方针，确保现有和未来的水电项目能够适应气候变化，并与国际水电协会（IHA）以及其他利益相关方共同制定一套准则，确保项目尽可能最大限度地应对气候变化影响。各国政府正积极加大水电投入，对病险水库除险加固，提高大坝安全能力，降低气候变化的影响。

针对水电站调度与管理，冰岛国家电力公司联合其他电力公司、研究机构和斯堪的纳维亚半岛（挪威、瑞典、丹麦、冰岛）的气象服务机构，收集了受气候变化影响的河流数据，每5年发布一次流量数据，根据气候变化情景模拟预测的流量，适时调整水电站运行调度规程，以应对气候变化的影响。

6

水电经济与就业

6.1 成本

6.1.1 建设成本

水力发电是现阶段最经济的发电方式之一，水电开发成本一般包括建设投资成本和运营维护成本。其中，建设投资成本较高，运营维护成本相对较低。

水电开发和建设时间较长，包括土木工程和机电零部件在内的水电设施高度依赖现场。土木工程包括大坝和水库建设、隧道和运河建设、发电厂房建设、现场接入基础设施和电网连接，其成本在很大程度上取决于当地的劳动力和材料成本、合同成本和其他开发成本，如规划和可行性评估、环境影响分析、许可证、环境保护、水质监测等。机电零部件包括涡轮机、发电机、变压器、布线和控制系统，这些成本在反映国际市场价格时，对最终投资成本影响不大。

根据《水电现状报告2017》，全球范围内大型水电的装机成本为每千瓦1050～7650美元（6907～50322元），如果距离输电线路很远，或无基础设施接入，成本可能会更高；装机容量在1000～10000千瓦小型水电的装机成本为每千瓦1000～4000美元（6578～26312元），装机容量小于1000千瓦微型水电的装机成本

> **全球水电建设成本**
>
> 大型水电每千瓦
> 1050～7650美元
> 小型水电每千瓦
> 1000～4000美元
> 微型水电每千瓦
> 3400～10000美元
> 抽水蓄能每千瓦
> 2000～4000美元

为每千瓦 3400～10000 美元（22367～65785 元）。现阶段，新建抽水蓄能的建设成本估计为每千瓦 2000～4000 美元（13157～26314 元）。

6.1.2 运营维护成本

一般来说，水电的运营维护成本较低。大多数水电站早已建成，大坝和相关基础设施的初期投资已经全部摊销，剩余成本为运营维护成本，可能在运营几十年后进行机械部件更换。小型水电站的运行周期大约为 50 年，因此不需要大量设备更换的投资。

典型水电站每千瓦的年度运营维护成本为投资成本的 1%～4%，大型水电的运营维护成本通常在 2%～2.5%，而小型水电为 1%～6%。国际可再生能源署（IRENA）最新数据显示，大型水电的年度运营维护成本为每千瓦 45 美元（296 元），装机容量在 1000～10000 千瓦小型水电的年度运营维护成本为每千瓦 40～50 美元（263～329 元），装机容量小于 1000 千瓦微型水电的年度运营维护成本为每千瓦 45～250 美元（296～1644 元）。大型水电的电力平准化度电成本（The Levelized Cost of Electricity，LCOE）为每千瓦时 0.02～0.19 美元（0.13～1.24 元），小型水电为每千瓦时 0.02～0.10 美元（0.13～0.65 元），微型水电为每千瓦时 0.27 美元（1.76 元）以上。

> **全球水电年度运营维护成本**
>
> 大型水电每千瓦 45 美元
> 小型水电每千瓦 40～50 美元
> 微型水电每千瓦 45～250 美元

6.2 竞价机制

6.2.1 竞价机制兴起

竞价机制也称招标电价制，由政府对可再生能源项目进行招标，以允许其上网为保证，与供应商签订长期购电协议。

竞价机制优势明显，通过竞争性招标，能够有效降低可再生能源价格；开发项目由政府统一发布，有利于促进技术类型多样化；长期购电合同为投资者提供了可观的收益保障，同时也使其有动力进行技术革新，不断降低成本从而获得更大利润。但是，竞价机制也存在一些劣势，例如，项目评审流程较长，对投资者的前期准备要求较高，项目初期投入较大，准确估计发电成本变

> **2005—2016 年**
>
> 采用竞价机制的国家从 6 个增至 67 个

化比较困难，竞标过程难以避免投机情况的出现等。

根据《Renewable Energy Auctions：Analysing 2016》（《可再生能源竞价分析报告 2016》），2005 年之后，竞价机制兴起，极大地促进了水电发展，有效补充了其他水电政策的不足。2005—2016 年，以竞价方式确定可再生能源项目的国家从 6 个增至 67 个。

6.2.2 全球水电竞价

> 2016 年水电最低竞价在秘鲁
>
> 每千瓦时 0.046 美元

根据《可再生能源竞价分析报告 2016》，全球可再生电力竞价市场的主要规律为：风电和光伏发电招标价格大幅下跌，水电开始进入竞价招标市场。但是，相对风电、光伏发电，水电招标价格较高；经测算，2016 年全球水电最低招标价格分别为风电和光伏发电最低招标价格的 1.64 倍和 1.54 倍。因此，过高的招标价格严重限制了水电竞价的实施和成交。

《可再生能源竞价分析报告 2016》表明，2016 年全球仅加拿大、巴西和秘鲁 3 个国家成功竞标了水电项目。其中，加拿大安大略省竞价的水电项目装机容量为 1.55 万千瓦，招标价格为每千瓦时 0.135 美元（0.888 元）；巴西竞价的水电项目装机容量为 50 万千瓦，位居 3 个国家之首，招标价格为每千瓦时 0.0575 美元（0.378 元）；秘鲁水电项目竞标价最低，水电项目装机容量成交 8 万千瓦，招标价格为每千瓦时 0.046 美元（0.303 元），仅相当于加拿大水电项目竞标价的 34%（见图 6.1）。

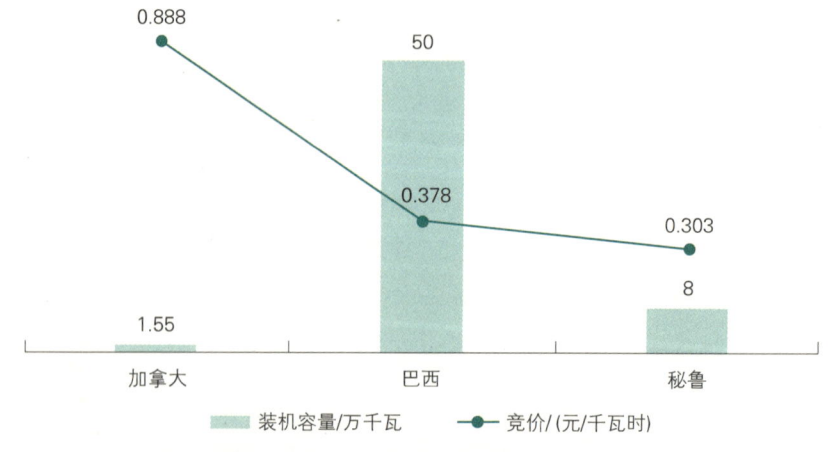

图 6.1　2016 年全球水电竞价情况
数据来源：《可再生能源竞价分析报告 2016》

6.3 投资

6.3.1 大中型水电

根据《Global Trends in Renewable Energy Investments 2017》(《全球可再生能源投资趋势2017》),2016年,全球可再生能源投资2416亿美元(15893亿元),比2015年下降23%,为2013年以来的最低水平。发达国家的可再生能源投资水平同比下降14%至1250亿美元(8223亿元),发展中国家的可再生能源投资水平同比下降30%至1170亿美元(7697亿元)。

2016年,全球5万千瓦以上装机容量的大中型水电项目吸引投资232亿美元(1526亿元),占当年全球可再生能源投资总额的49%,比2015年的449亿(2954亿元)美元下降48%,但仍远高于其他可再生能源。全球投资最大的水电项目是安哥拉220万千瓦的卡库尔卡巴卡大坝,估计投资45亿美元(296亿元)。2016年4月,中国华电集团开发的金沙江第10个梯级电站苏洼龙水电站开工建设,装机容量120万千瓦,多年平均年发电量54.11亿千瓦时,是金沙江上游13个梯级电站中第一个国家核准的项目,对于金沙江上游开发具有里程碑意义。

> **2016年,全球大中型水电投资232亿美元**
>
> 占当年全球可再生能源投资总额的49%

6.3.2 小型水电

根据《全球可再生能源投资趋势2017》,2004—2016年,全球小型水电年均新增投资60.7亿美元(399亿元),年均增速2%。2016年,全球小型水电投资35亿美元(230亿元),与2015年持平,相对2010年的历史最高水平下降57%(见图6.2)。2010年以来,全球小型水电投资持续下降,特别是近两年,主要原因是小型水电投资机会减少,中国市场的大多数项目已投资到位。

> **2016年全球小型水电投资35亿美元**
>
> 与上一年度持平

图 6.2　2004—2016 年全球小型水电投资及同比变化
数据来源：《全球可再生能源投资趋势 2017》

根据联合国环境规划署（UNEP）和彭博新能源财经（BNEF）报道，2016 年，发展中国家水电"三巨头"（中国、印度和巴西）的小型水电投资分别为 26 亿美元（171 亿元）、3 亿美元（20 亿元）和 1 亿美元（6.5 亿元），合计 30 亿美元（197.5 亿元），占当年全球小型水电投资总额的 85.7%（见图 6.3）。

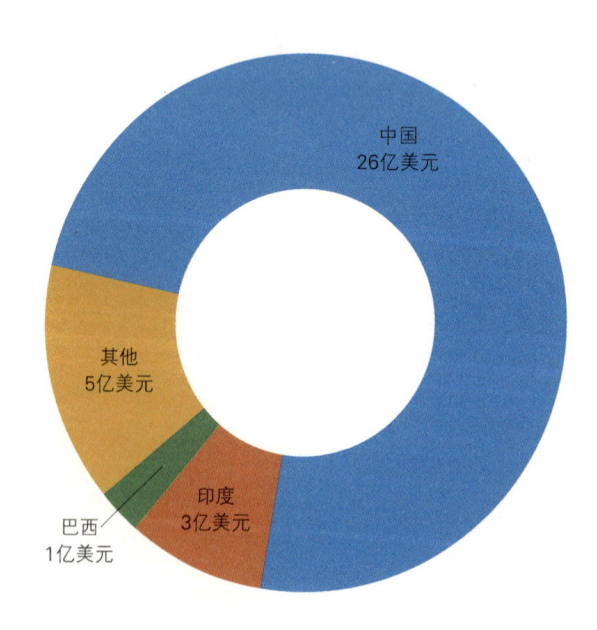

图 6.3　2016 年全球小型水电投资

6.4 融资

6.4.1 融资模式

20世纪90年代，全球电力行业管制放松，很多国家开始进行电力市场改革，出现了BOOT、ROT、PPP、绿色债券等多种水电建设融资模式。

(1) BOOT模式。建设-拥有-经营-转让（BOOT）模式是由私人合伙或国际财团融资建设基础产业项目，项目建成后，在规定期限内拥有所有权，经营期满后将项目移交给政府。由于水电建设投资较高、周期较长、风险较大，单纯的BOOT模式难以直接用于水电项目开发。

(2) ROT模式。ROT模式是建立在BOOT（建设、拥有、经营、转让）及其派生体BOT（建设、经营、转让）基础之上，均是"交钥匙承包"方式。业主采用ROT模式进行电厂设备技术改造、增效扩容，再与承包商确定改造方案后，通过设计、采购和施工（EPC）交钥匙合同，委托承包商进行改造、运行和维护。

(3) PPP模式。公私伙伴关系（PPP）模式是一种可为公共部门提供控制和参与项目的方法，通过监控进度并影响项目方案配置，使政府能够从水电开发中获益。PPP模式可为那些具有开发效益但风险较大，难以吸引全面商业融资的水电项目提供优惠融资渠道。

(4) 绿色债券。绿色债券是由多边开发银行筹建，并由欧洲投资银行（EIB）、世界银行（WB）、非洲开发银行（AFDB）等发行的债券。绿色债券的优势是可以解决期限错配的问题。银行的平均负债期限只有6个月，难以大量支持中长期的绿色贷款，通过发行5年、10年的绿色金融债券，可以在很大程度上提升其提供中长期绿色贷款的能力。目前，经济开发基金会（EDF）、法国苏伊士环能集团（Engie）和西班牙伊维尔德罗拉公司（Iberdrola）等已经开始发行绿色债券，用于资助包括水电在内的可持续能源项目。

6.4.2 融资案例

2016年全球小型水电融资29亿美元

比2015年下降7%

2016年，1000千瓦以上的电网级可再生能源项目（不含5万千瓦以上的水电项目）融资达1871亿美元（12308亿元），比2015年的2374亿美元（15617亿元）下降21%。装机容量1000～50000千瓦的小型水电融资总额29亿美元（191亿元），比2015年下降7%。

2016年，全球多个国家水电项目融资成功。尼泊尔高宝金融集团（GMR）签订了一项PPP模式水电项目开发协议，向政府提供了27%的免费股权。北美、欧洲等地已经建立了债券基金用于水电投资，如德国的阿奎拉资本（Aquila Capital）启动了20年期限的水电专用债券。中国通过各大银行发行债券募集资金，支持国内水电项目。印度政府提议发行30年期限债券，旨在资助水电开发项目。巴基斯坦水电发展署（WAPDA）计划发行苏克债券，用于支持新建水电项目。加拿大布鲁克菲尔德可再生能源合作公司（BEP）为科基什（Kokish）水电站发行绿色债券，挪威的可再生能源生产商（BKK）已经发行绿色债券资助水电开发。亚洲的三井住友银行股份有限公司（SMBC）也推出了包括水电项目投资的绿色债券基金。

2016年，全球绿色债券发行超过800亿美元（5263亿元），比2015年增长近1倍。在世界银行等金融机构带动下，2016年12月，波兰发行了总额超过7.5亿欧元（58亿元）的绿色债券，成为第一个以国家名义发行绿色债券的国家。2017年1月，法国政府首次面向银行等机构发行总额75亿美元（493亿元）用于增加环保投资的"绿色债券"，市场反应热烈，债券发行所募资金将用于清洁能源等绿色项目。

2016年全球大中型水电就业岗位151.9万个

占当年可再生能源就业岗位的15.5%

6.5 就业

6.5.1 大中型水电

根据《Renewable Energy and Jobs Annual Review 2017》（《可再生能源和就业报告2017》），全球可再生能源就业机会持续

增长，大中型水电就业岗位数量居第三位。全球水电行业就业岗位数量 2013 年达到峰值 174 万个，同比增速 23.4%。2013 年以来，全球水电行业直接就业岗位数量一直处于稳中有降的状态（见图 6.4）。

图 6.4 全球大中型水电就业岗位及同比变化
数据来源：《可再生能源和就业报告 2017》

2016 年，大中型水电提供了 151.9 万个就业岗位（见图 6.5），占当年可再生能源就业岗位的 15.5%，比 2015 年下降了 7%。其中，约 60% 的就业岗位是水电站的运营和维护。大中型水电领域的主要就业市场为中国（21%）、印度（16%）、巴西（12%）、俄罗斯（7%）和越南（6%），共占 62%（见图 6.6）。由于劳动生产率的提高和新建水电下降，中国大中型水电就业岗位占比持续下降，由 2013 年的 37% 降至 2016 年的 21%。印度水电属于劳动密集型行业，提供了全球 16% 的大中型水电就业岗位。

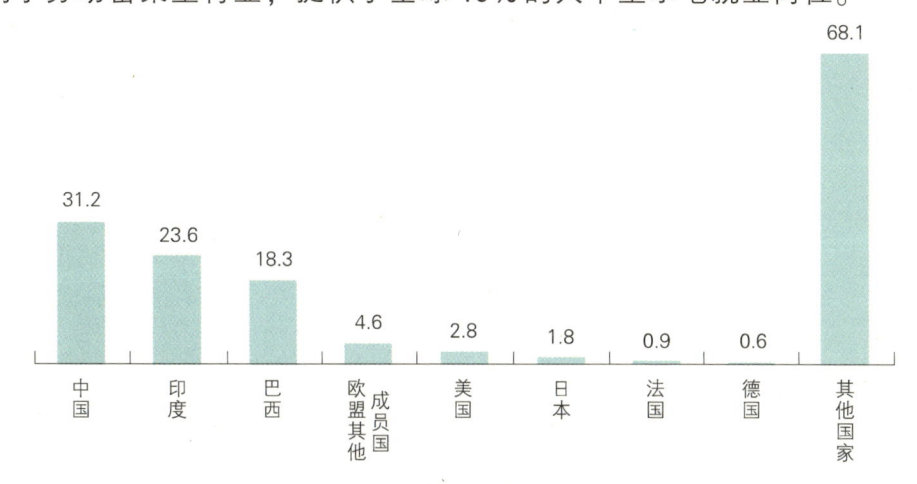

图 6.5 2016 年全球不同国家大中型水电就业岗位（单位：万个）
数据来源：《可再生能源和就业报告 2017》

图 6.6 2016 年全球不同国家大中型水电就业岗位占比

6.5.2 小型水电

2016 年全球小型水电就业岗位 21.2 万个

4%↑

小型水电与大中型水电共享供应链，大部分小型水电就业岗位属于非正式就业岗位。2016 年，全球小型水电提供了 21.2 万个就业岗位，同比增速 4%。中国小型水电提供了 9.5 万个就业岗位，比 2015 年下降了 5%（见图 6.7）。

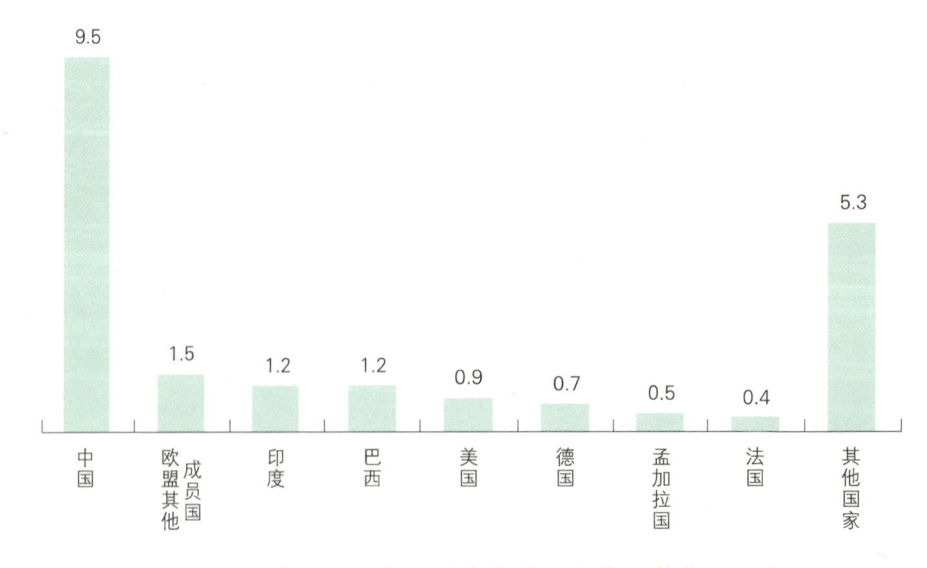

图 6.7 全球不同国家小型水电就业岗位（单位：万个）

数据来源：《可再生能源和就业报告 2017》

7

美国和中国水电行业发展概况

过去一个多世纪，水电为美国和中国提供了清洁、稳定、经济、可靠的电力，促进了两国工业和电网发展。未来水电将发挥更大作用，促进并推动两国可再生能源和全球水电行业的发展。

7.1 美国水电发展与愿景

7.1.1 美国水电发展100年

美国本土划分为18个流域，分属西部地区、中西部地区、南部地区和东北部地区4个区域，流域名称和编号见图7.1。

美国是全球最早进行水电开发的国家之一，至2017年已有135年历史（见图7.2）。1882年，美国威斯康星州建成投产的阿普尔顿（Appleton）水电站，被视为全球水电的鼻祖，装机容量为10.5千瓦。

20世纪上半叶，水电是美国的主要电力来源，占美国电力的40%以上，早期的工业革命和经济快速发展为水电行业提供了契机。水电在美国西部大开发（西进运动）、国家经济大萧条时期拉动经济建设、第二次世界大战期间为战略物资生产提供电力等方面起到了不可替代的重要作用。

20世纪50—70年代是美国水电建设的高峰期，美国成为全球水电开发技术最先进的国家之一。

> 美国65%的水电站集中建设时期为1950—1970年

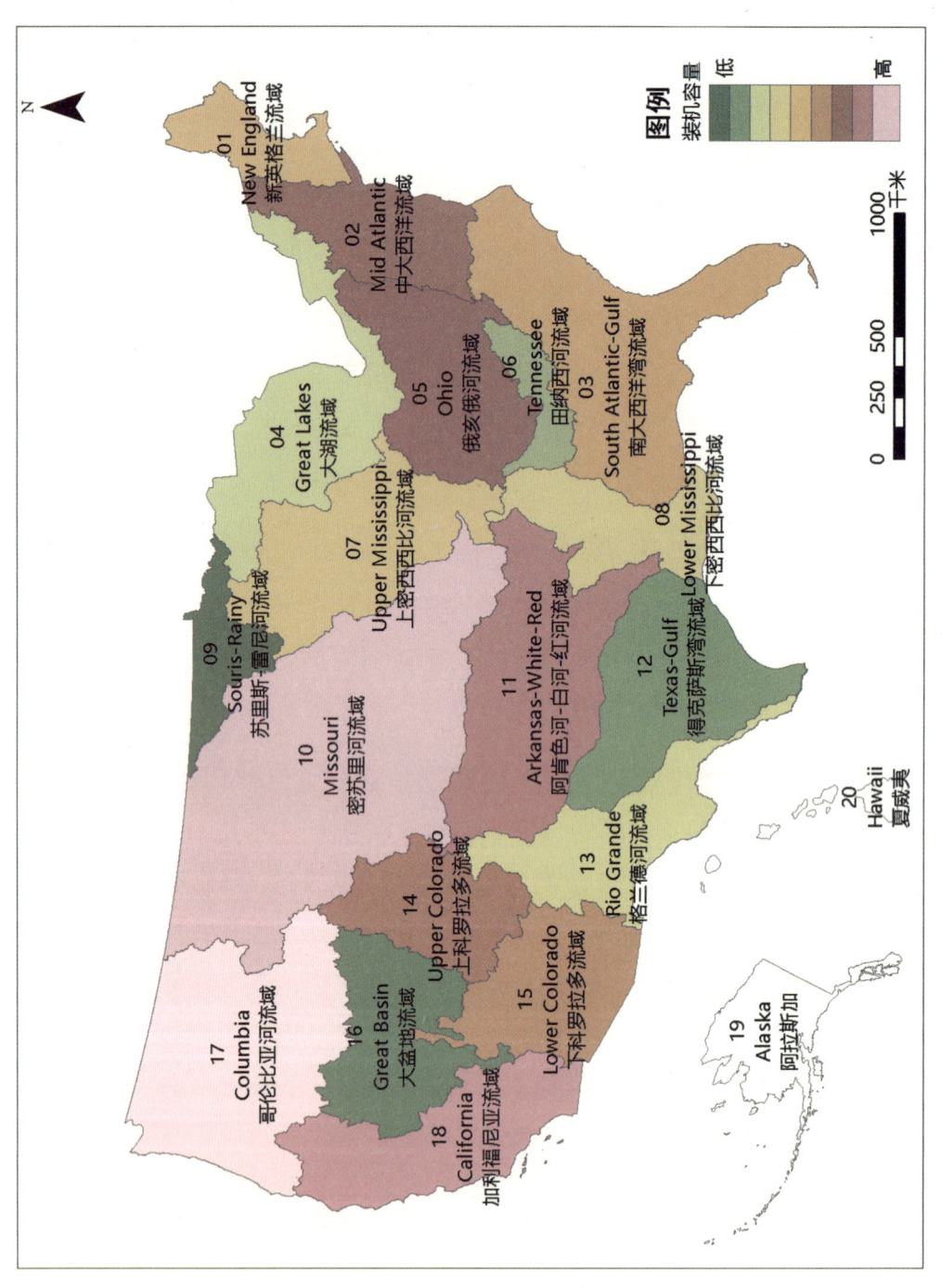

图 7.1 美国流域划分示意图

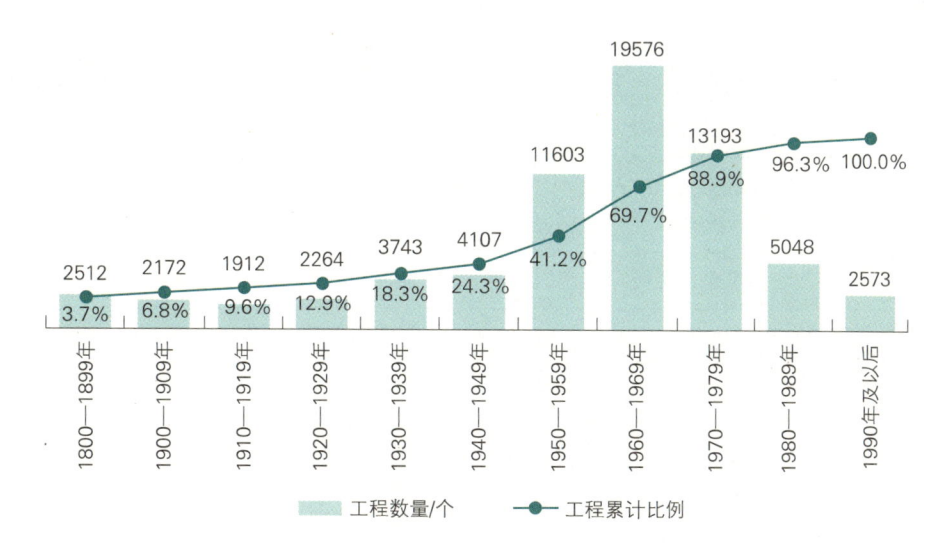

图 7.2　美国水电站建设时期和比例分布

20世纪下半叶，美国经济的飞速发展需要更多的电力支持和保障，随着技术的不断进步，煤电、核电、气电得到快速发展，装机容量均超过水电，成为美国电力结构的主体。由于抽水蓄能在调峰、黑启动等方面的优势，在1960—1990年期间得到快速发展，用于补充煤电与核电，确保电力负荷与电网需求在成本和效益之间达到平衡。

进入21世纪，美国政府不再大规模建设新的水电工程，开发重点转向具有调峰功能的抽水蓄能电站以及现有水利工程增加发电设备的增效扩容改造。这些新增装机容量虽然不能从整体上改变美国的电力结构，但在可再生能源开发利用方面具有重要地位。

根据美国能源部和美国垦务局公布的资料，美国水电发展历史中的重要里程碑事件见表7.1。

表7.1　美国水电发展历史中的重要里程碑事件

年份	事　件
1901	颁布第一部联邦电力法（《The Federal Water Power Act》）
1902	成立美国垦务局（the U. S. Bureau of Reclamation, USBR）
1907	水电发电量占全美总电量的15%
1920	水电发电量占全美总发电量的25%。根据联邦电力法成立了联邦电力委员会（the Federal Power Commission），即联邦能源管理委员会（Federal Energy Regulatory Commission, FERC）的前身，负责针对公用土地上建设的水电站颁发许可证
1933	成立田纳西流域管理局（Tennessee Valley Authority, TVA）

续表

年份	事件
1935	联邦电力委员会的工作职责扩至针对所有水电站颁发许可证
1937	第一座联邦大坝投入运行，即由美国陆军工程兵团建设的位于哥伦比亚河的博纳维尔（Bonneville）大坝，同时成立了博纳维尔电力管理局
1940	水电发电量占全美总电量的40%；自1920年以来，常规水电装机容量增长两倍
1977	美国联邦政府颁布能源部组织法案，美国能源部应运而生，联邦电力委员会更名为联邦能源管理委员会，是能源部内设的独立机构，具有独立的监管地位
1980	颁布能源安全法（《Energy Security Act》），要求针对小型水电颁发许可证；自1940年以来，常规水电装机容量增长近两倍
1992	颁布能源政策法（《Energy Policy Act》），旨在改善能源效率，修订联邦电力法第211条，允许更大的电价竞争
1994	根据联邦电力法授权，联邦能源管理委员会负责管理1700个水电项目，包括2300座大坝和多功能水资源利用项目，装机容量达到5500万千瓦，占美国水电装机容量的一半
2003	全美10%的电力来自水电。常规水电装机容量约8000万千瓦，抽水蓄能装机容量1800万千瓦
2016	全美6.8%的电力来自水电。常规水电装机容量7143万千瓦，抽水蓄能装机容量3129万千瓦，水电总装机容量10272万千瓦

7.1.2 美国水电概况

截至2016年年底，美国水电装机容量达到10272万千瓦，同比增速0.40%。2310个常规水电站的装机容量达到7143万千瓦，同比增速0.50%；43个抽水蓄能电站的装机容量达到3129万千瓦，同比增速0.30%（见图7.3）；抽水蓄能作为最主要的储能方式，占全国可用电力储能总量的97%。截至2016年年底，美国51个州（特区）开发了水电。

根据美国能源信息署（Energy Information Administration，EIA）公布的数据，截至2016年年底，美国水电发电量2664亿千瓦时，占美国电力行业总发电量的6.5%，占美国可再生能源发电量的43.6%（见图7.4）。1950年以来，美国常规水电累计发电量16290亿千瓦时，占电力行业累计总发电量的10.1%，占可再生能源累计发电量的81.8%。

图 7.3 2000—2016 年美国水电装机容量及同比变化

美国现有水电机组的所有权具有多样性。其中，联邦机构所有权（包括美国陆军工程兵团、美国垦务局、田纳西流域管理局）占已建水电装机容量的 49%；国家所有权约占已建水电装机容量的 24%；私人所有权约占已建水电装机容量的 27%。

图 7.4 2000—2016 年美国水电年发电量及同比变化

美国水电市场和政策

由于水库大坝具有防洪、供水、航运、灌溉等综合利用功能，美国水电在电力系统中的地位及未来发展具有复杂性。美国现有超过87000个水库大坝没有安装发电设备。已安装发电设备的水库大坝必须满足行业管理部门要求和利益相关方的需求。

全球信息化和商业运输业迅速发展，相应的电力输送可靠性也越来越重要。一旦发生电力中断，经济损失惊人。因此，电力系统的稳定性和可靠性对于国家安全至关重要。美国国土安全部将能源和水库大坝列入16个国家关键基础设施之一。这些基础设施具有系统化和网络化的特点，它们的失灵或损毁将对人身安全、经济安全、公众健康、国家安全造成重大影响。

电力体制改革和能源结构调整重新确立了水电的地位和作用。随着天然气价格降低、火电和核电比重下降、多种能源混合发电技术发展以及不断增长的电力市场潜力，迫切需要进行电力整合。间歇式能源的发展，如太阳能和风能，对电网的灵活性和平衡能力提出了更高要求。抽水蓄能作为系统调峰电源，具有快速响应能力，能够提高电网的可靠性和稳定性，其重要性日益显著。

电网和辅助设备储能的重要市场驱动因素包括：①多种能源发电量显著增长；②政府关注低碳电力；③对电网基础设施现代化的需求日益提高；④对电网意外中断的快速响应能力要求日益提高。

美国国家政策一直支持可再生能源发展，人们越来越关注碳排放对全球气候变化的影响。2015年，美国环保署颁布了《清洁能源计划》，提出了碳排放标准，明确了各州在2022年之前的减排目标。随着各项政策的颁布和实施，水电将在碳减排方面发挥更重要的作用。

7.1.3 美国大坝增设发电设备潜力评估

现有大坝增设发电设备具有成本低、风险小、耗时短的优势，并且符合相关环保标准，具有很强的可靠性和可预测性。2012年，美国能源部发布了《美国非发电坝增设发电设备的潜力评估报告》，计划针对全美无发电设施的水利水坝增设发电设备，报告明确提出，通过现有水利大坝增设发电设备，未来全美可新增水电装机容量1206万千瓦，相当于2016年全美常规水电装机容量的16.9%；新增年水电发电量450亿千瓦时，相当于2016年全美年水电发电量的16.9%。18个流域中，俄亥俄河流域增设发电设备的新增装机容量达323.6万千瓦，占全美新增装机总量的26.8%，上密西西比河流域、阿肯色河-白河-红河流域、南大西洋湾流域的新增装机容量均超过了150万千瓦（见图7.5）。

> **实现美国水电装机容量增长 1206 万千瓦**
>
> 相当于2016年美国常规水电装机容量的16.9%

7.1.4 美国水能资源潜力综合评估

7.1.4.1 概况

2014年，美国能源部发布了《新增流域发展报告：美国水能资源潜力综合评估报告》，首次从技术层面论证了美国境内300多万条河流的资源容量，并首次采用地形、水电、水文和环境数据，结合每条河流及每个河段的生态、社会、文化、政策和法律条件，核算了约束性因素限制下，美国的水能资源技术可开发量，是当前美国水电资源开发潜力最为详尽的评估报告。经核算，未考虑约束性因素时，美国未来潜在水电装机容量为8470万千瓦，潜在年发电量为4600亿千瓦时；考虑约束性因素的限制，美国潜在水电装机容量为6500万千瓦，数值上相当于2016年常规水电装机容量的91%；潜在年发电量为3473亿千瓦时，数值上相当于2016年常规水电发电量的130%。

> **美国 300 多万条河流的水电蕴藏量达 6500 万千瓦**
>
> 相当于2016年美国常规水电装机容量的91%

美国拥有丰富的清洁能源，合理开发将促进美国能源结构更加清洁、更加可持续和多样化。《新增流域发展报告：美国水能资源潜力综合评估报告》将美国新的水电发展机会展现出来，水电资源蕴藏量最丰富的地区主要集中在美国西部各州，包括阿拉斯加州、加利福尼亚州和科罗拉多州等。

7.1.4.2 关键约束性因素

《新增流域发展报告：美国水能资源潜力综合评估报告》除了分析相关流域发展水电的技术可行性，还分析了发展水电对流

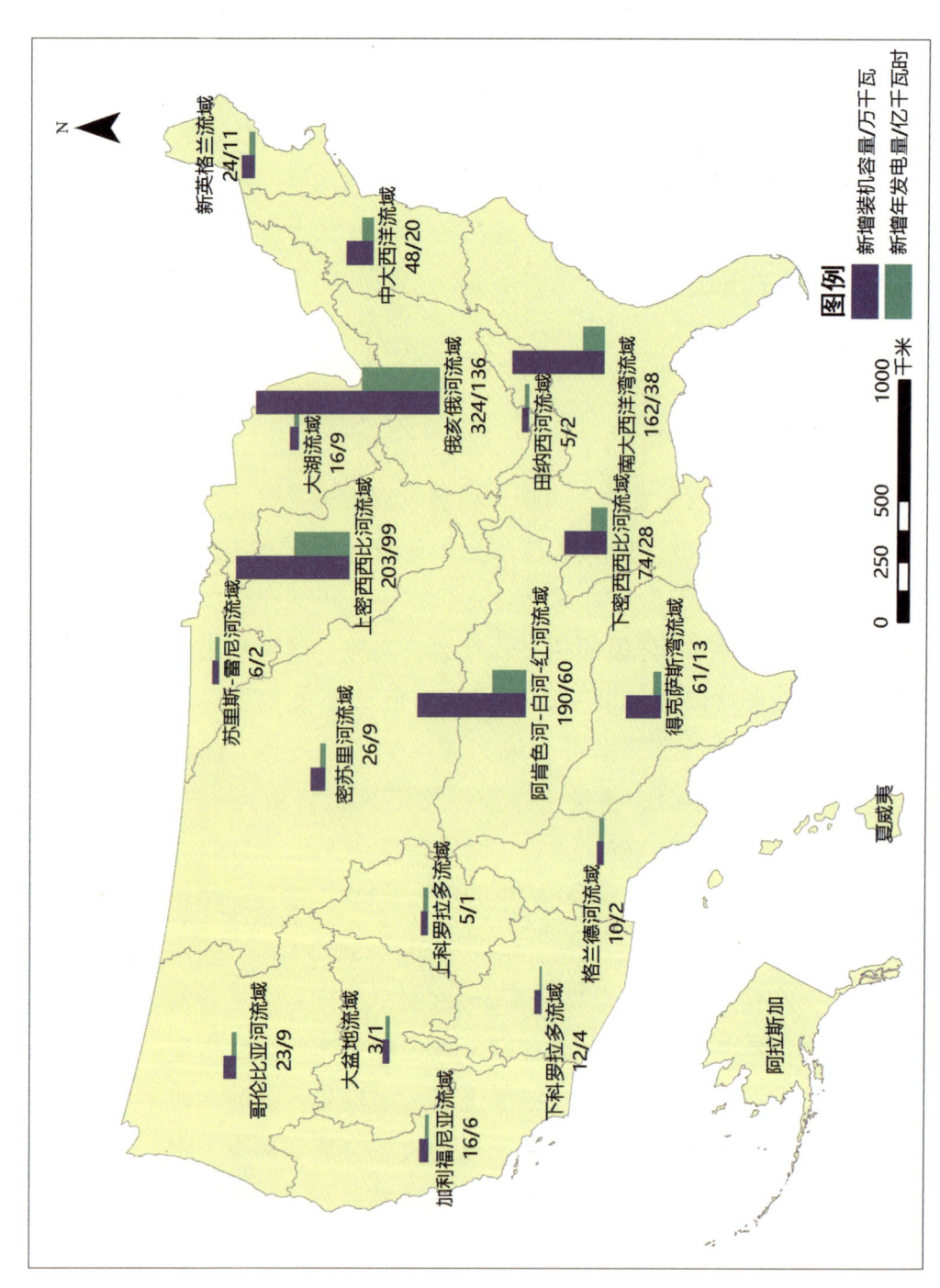

图 7.5 美国水利大坝增设发电设备的潜力评估

域的野生动植物、土地、渔业资源保护等社会、经济和环境影响，可以帮助开发企业和政策制定者筛选最佳的可持续水电项目。同时，报告提出了约束性因素对美国水能资源开发的影响，包括重要栖息地、珍稀和特有鱼类、景观动态及基础设施、娱乐和审美、水资源利用、土地所有权、水质7类约束性因素，共49个约束性影响因子，每个因子都不同程度地限制了流域水能资源开发潜力（见图7.6）。

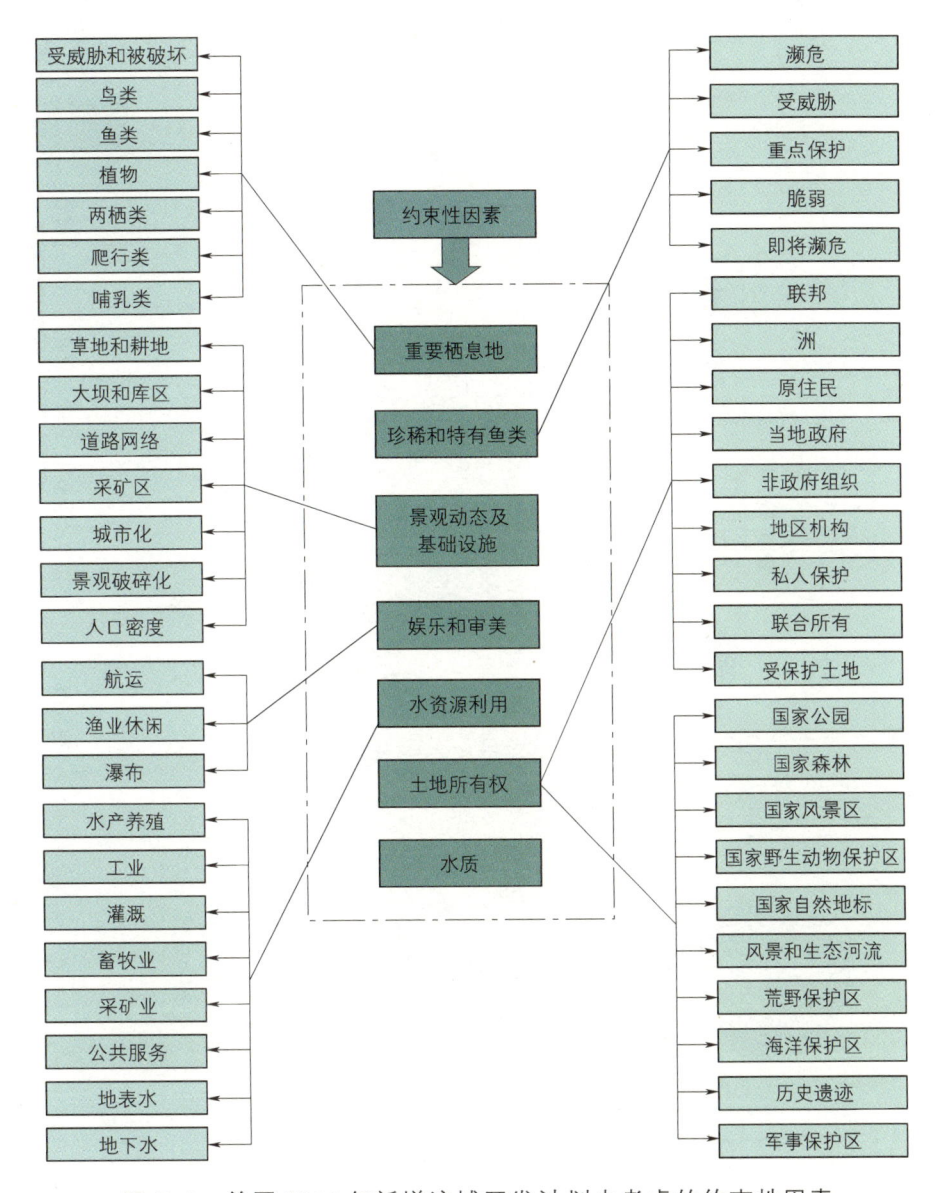

图7.6 美国2014年新增流域开发计划中考虑的约束性因素

7.1.4.3 约束性因素限制下美国水电技术可开发量的重新核算

《新增流域发展报告：美国水能资源潜力综合评估报告》对比了美国18个流域在有无约束性因素条件下的新增技术可开发量（见图7.7和图7.8）。

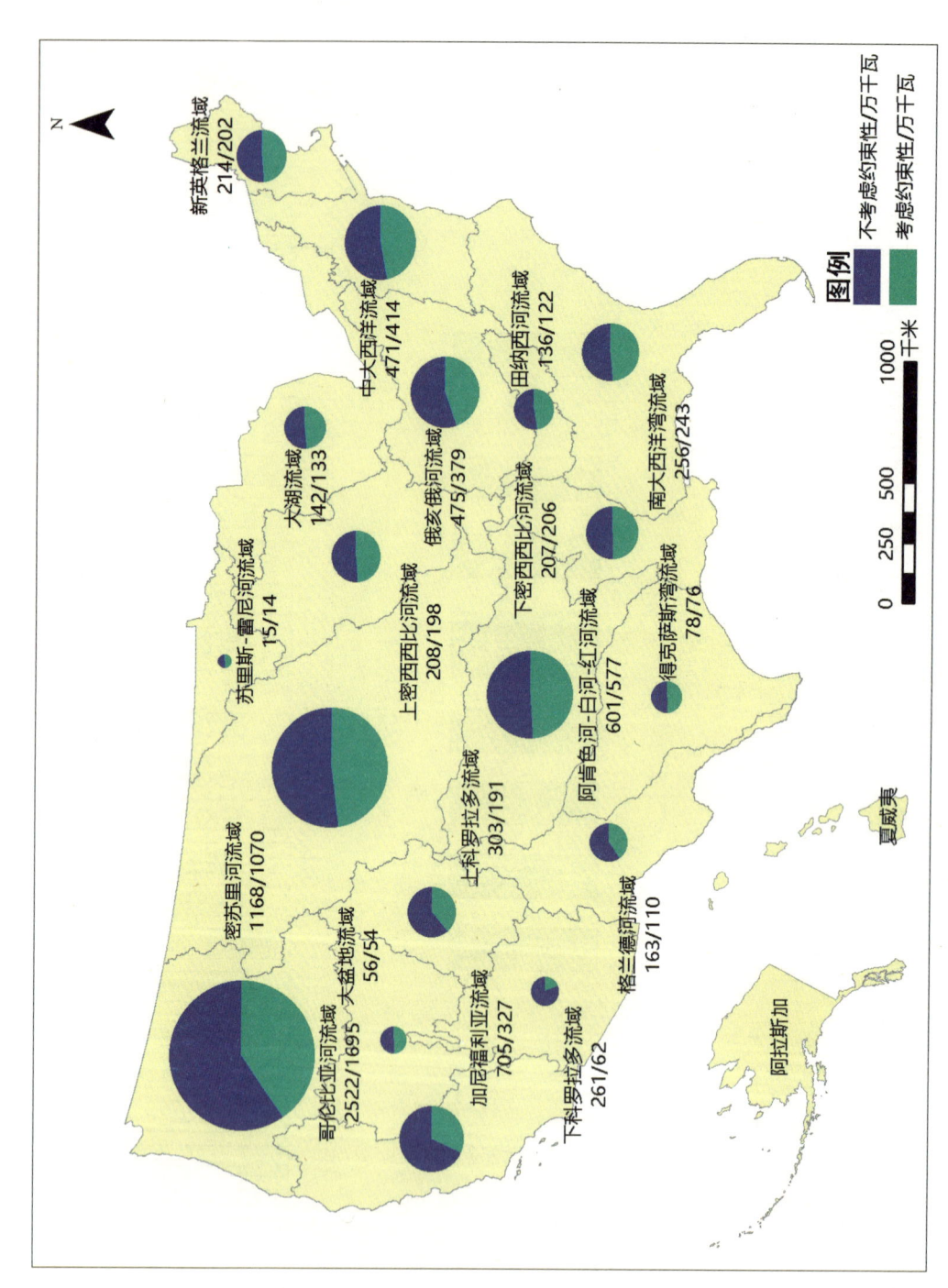

图 7.7 有无约束性因素限制的美国 18 个流域新增技术可开发装机容量

7 美国和中国水电行业发展概况

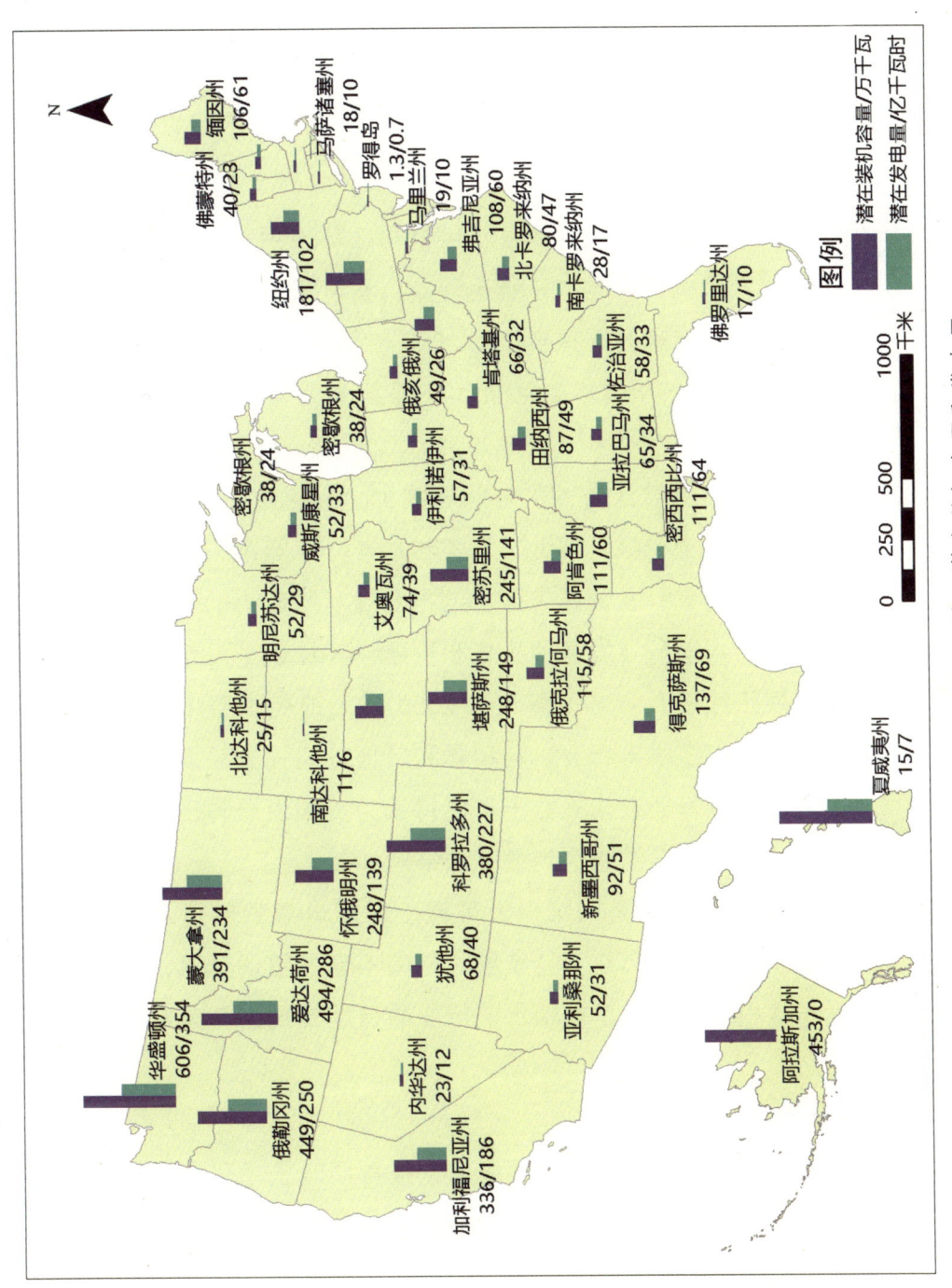

图 7.8 考虑约束性因素限制的美国潜在装机容量和发电量

考虑约束性因素的限制，美国18个流域的新增水电技术可开发装机容量由7987万千瓦降至6073万千瓦，如果包括阿拉斯加、夏威夷等区域，美国新增水电技术可开发量将增至6541万千瓦。

7.1.5 美国2050年水电发展展望

7.1.5.1 概况

> **2050年美国水电行业发展路线图**
>
> 水电装机容量可增加4830万千瓦
> 相当于2016年美国水电总装机容量的47%

美国能源部与150多家水电公司、环境组织、州和联邦政府机构、学术机构、电力系统运营商、科研机构和其他利益相关方的300余名专家共同探索了到2050年美国水电行业的发展方向，于2016年发布了《水电愿景：美国第一大可再生能源电源的新篇章》。

美国能源部认为，水电能够减少"碳排放"，但是减排潜能尚未得到完全挖掘。因此，《水电愿景：美国第一大可再生能源电源的新篇章》在分析美国水电行业现状基础上，识别了一定时期内美国水电行业发展的挑战和机遇，并提供了一份水电行业综合发展路线图，全方位解读了2050年之前美国整个水电行业的发展，指出了水电行业、科技界和其他部门需要采取的行动，旨在确保水电行业在未来数十年中持续为美国发展作出贡献，以使美国可再生能源结构达到最高水平。

《水电愿景：美国第一大可再生能源电源的新篇章》扭转了对美国水电行业存在可持续增长空间不足的错误认识，该报告的发布从根本上重启了美国水电行业的持续发展，并为此提供了新思路。

7.1.5.2 发展路径

未来的水电项目将持续增加，报告明确了优化、增长和环境可持续性这三大基本原则，并指出在此基础上需要采取哪些行动来实现水电的社会、经济和环境效益。

(1) 优化。现有水电设备的增效扩容和优化，可促进国家和区域经济发展，维护国家重要基础设施安全，提高电力安全。

(2) 增长。开发利用水电，实现水电装机容量和发电量的持续增长。

(3) 环境持续性。确保水电在满足国家电力需要的同时，将环境目标纳入水电的全生命周期。

水电是清洁、可再生能源，美国水电潜力还未得到充分挖掘，未来在满足国家清洁能源需求中，水电能够发挥更大的作用。

应用国家可再生能源实验室（NREL）的区域能源部署系统（ReEDS）模型，模拟2017—2030年和2050年满足国家电力需求和其他电力系统要求的美国水电发电装机容量和输电能力。美国水电行业未来水电装机容量增加路径有4种：①升级改造现有发电设备，实现增效扩容，提高电力生产和环境效益；②现有闸坝增加发电装置，经济有效地利用现有水利设施；③未开发河段开发流域水电新项目；④新建和升级抽水蓄能电站。

7.1.5.3 装机容量预测

《水电愿景：美国第一大可再生能源电源的新篇章》表明，影响未来水电发展的关键因素包括：技术持续进步降低发电成本；水电设施具有较长的实际使用期限，通过市场机制创新给予水电站更优惠的贷款条件；考虑水电站的环境可持续性。针对这3个关键影响因子，《水电愿景：美国第一大可再生能源电源的新篇章》尝试探索未来美国水电发展的不同替代方案，主要包括以下4个方案：

(1) 常规发展方案，即对现有水电站进行升级和优化。

(2) 技术进步方案，假设通过技术持续进步降低水电发电成本。

(3) 低融资成本方案，假设根据水电站的较长实际使用期限，给予水电企业贷款优惠，降低发电成本。

(4) 综合发展方案，全面考虑技术持续进步、低成本融资和环境可持续性，形成未来水电综合发展方案。

根据上述4个方案，应用ReEDS模型，《水电愿景：美国第一大可再生能源电源的新篇章》提出，随着技术的持续进步、市场机制创新以及人们对环境可持续性的关注，到2050年，美国的水力发电和抽水蓄能储电规模能够从现在的1.0亿千瓦增至近1.5亿千瓦，具体包括：①现有发电设备增效扩容，可增加装机容量630万千瓦；现有闸坝增配发电装置，可增加装机容量480万千瓦；开发流域水电新项目，可增加装机容量170万千瓦。②新建和升级抽水蓄能电站，可增加装机容量3550万千瓦。③上述合计增加水电装机容量4830万千瓦。

近期（2030年以前）水电增长主要是通过现有机组的优化升级；远期（2030—2050年）将通过非发电坝（Non‐Power Generation Dam，NPD）和新河流水电开发（New Stream‐reach Development，NSD）等措施实现水电增长。

7.1.5.4 预期效益

> 2050年假设实现美国水电装机容量1.5亿千瓦，可获得超过4170亿美元的效益

《水电愿景：美国第一大可再生能源电源的新篇章》强调了水电的环境效益，水电的增长不仅有利于美国发展低碳经济，同时可发挥可再生能源的优势。

从现在到2050年，预计美国水电的价值包括以下几个方面：

(1) 减排56亿吨温室气体，相当于减少了12亿辆车1年的排放量，价值2090亿美元。

(2) 避免因空气污染造成的医疗费用和经济损失，价值580亿美元。

(3) 节省1130亿立方米蒸汽或火电站冷却用水。

(4) 水电增加的清洁可再生能源会对其服务的社区产生积极影响，到2050年，新增的0.5亿千瓦水电装机能减少500万例急性呼吸道症和75万例儿童哮喘。新开发水电项目的社会经济效益是巨大的，平均每个家庭可获得超过3500万千瓦时的水电。

(5) 美国的水电和抽水蓄能发展潜力巨大，可增加并支持该国的可再生能源投资。到2050年，水电可以提供19.5万个就业岗位，并产生价值达1500亿美元的累计经济增长。

7.1.5.5 行动方向

按路线图实施行动将开启美国水电可持续增长的新时代，同时保护国家的能源、环境和经济利益。路线图确定了21个类别、64个行动，其中有五大行动方向有助于实现未来水电愿景（见表7.2）。

表 7.2　　　　　　　　　美国水电行业未来发展路线图

1　推动水电技术进步
1.1　研发新型水力发电技术，降低发电成本
1.2　研发环境友好的新型水电技术，降低传统水电技术的环境影响
1.3　验证传统和新型水电技术的性能和可靠性
1.4　确保水电技术可支持多种可再生能源的协调发展
2　水电可持续开发和运营
2.1　增加水电对气候变化的响应能力
2.2　提高水电利益相关方之间的协调与合作，实现水电综合效益
2.3　整合流域间和流域内多目标水资源利用
2.4　评估流域新建水力发电设施的环境可持续性
3　改善水电收益和市场结构
3.1　全面识别常规水电的综合效益，在水电电价中补偿常规水电的效益
3.2　全面识别抽水蓄能在电力系统中的作用，完善抽水蓄能调度和运行规则，在电价中补偿抽水蓄能的综合效益
3.3　消除水电项目的融资障碍
3.4　提高市场对可再生能源和清洁能源的认识
4　优化水电监管流程
4.1　在监管过程中推进可持续水电，提高监管效果
4.2　通过科技创新，促进利益相关方实现监管目标
4.3　开展行业政策对电力市场、电力系统、生态环境和人口的影响研究，成果可反馈决策者
4.4　加强监管过程中利益相关方的参与和理解
5　加强合作、教育和宣传
5.1　增加公众对水电是可再生能源的认知度
5.2　在水电规划、设计、施工、运行各个环节推广可持续水电
5.3　鼓励开展可持续水电教育培训
5.4　共享研究成果，服务投资决策
5.5　定期更新路线图，实现水电发展目标

(1) 推动水电技术进步。研发新型水力发电和抽水蓄能技术，提高发电效率，降低投资成本，减少环境破坏。持续研究改进传统水电技术的环境效益，验证新型水力发电和抽水蓄能技术的性能及可靠性，促进水电装机容量进一步提高。确保水力发电技术能够应对电网中日益增长的波动性可再生能源（如风能、太阳能），创新发电技术，将水电设备的损耗降到最低。

(2) 水电可持续开发和运营。提高水电灵活性以应对气候变化，提供气候变化对水力发电的影响评估框架，改善水电应对气候变化的能力。强化水电行业利益相关方的合作，通过水电开发计划加强合作，有助于经济、环境和电力多重目标的实现。创新方法，提高流域水电开发的集成度和目标耦合度。评估新型水力发电设施的环境可持续性，建立可量化的环境可持续性指标，并应用到水力发电设施的开发和运营过程中，有助于国家、州和地方在水电开发方面达成一致。

(3) 改善水电收益和市场结构。改善水电在电力市场中的评估和补偿机制，改善现有的市场方案和新的开发方案，有助于充分认识传统和新型水力发电的灵活性给电网带来的补偿效益。改善抽水蓄能在电力市场中的评估和补偿机制，改善电力市场中与抽水蓄能相关的运营和调度规则，有助于充分发挥抽水蓄能的潜力和价值。通过消除水电项目的融资障碍，降低投资成本，提高水电项目的经济效益。提高对参与可再生清洁能源市场的资质认识，创建一套工具以更好地理解政策规则和市场准入，可以减少开发者误解，同时使其能够瞄准最高价值的市场。

(4) 优化水电监管流程。识别监管改善的结果，识别和传播最佳实践，有助于水电管理过程中能源、环境和社会经济等多重效益的实现。加速各利益相关方获得新知识和创新技术并用于实现监管目标，可以增强水电开发的环境效益，提高水电设施价值，降低许可和批准成本。分析不同政策情景的影响，提高从地方、区域和国家层面分析政策对市场、电力系统、生态系统和人口影响的能力，给决策者提供信息。加强各利益相关方对监管领域的参与和理解，确保利益相关方获得必要的知识和经验，从而有效地参与计划、决策和管理流程。

(5) 加强合作、教育和宣传。提高水电作为可再生能源的接受度，展示和宣传水电是一种核心的可再生能源，可以提高公众的理解，并促进将水电列入清洁能源计划中。开展水力发电专业知识和人才的培训课程，评估和开展全面涵盖高校、职业技术学校的水电知识和教育项目，培训新一代的水力发电专业技术人才，以满足水电行业的发展需求。利用现有的联邦研发团队研究分析数据，将其整理成可供决策者和机构投资人员使用的数据，以便做出合适的决策和投资。维护发展路线图，以实现水电发展愿景，通过对水电技术研发和部署情况的追踪，对水电发展愿景路线图定期给予更新，以识别应当优先开展的研究。

7.2　中国水电发展与愿景

7.2.1　中国水电发展 100 年

1910 年开工建设的石龙坝水电站拉开了中国水电发展的帷幕。石龙坝水电站是 1908 年（清光绪三十四年）由昆明商人招募商股、集资等建的，是全球较早修建的水电站之一。该水电站于 1910 年开工，1912 年两台 240 千瓦的发电机组安装完成后开始发电，经过 7 次扩建，1958 年装机容量达到 6000 千瓦，至今仍在运行。

1949 年，中国水电装机容量 36 万千瓦，年发电量 12 亿千瓦时，年发电量位居全球第 21 位。

中华人民共和国成立后，国家非常重视水电建设，60 多年的水电发展为国民经济发展和人民生活水平的提高作出了巨大贡献。

进入 21 世纪，国家从经济快速发展、能源的可持续供应、环境保护以及西部大开发等方面考虑，制定了优先开发水电的方针，水电建设迎来了前所未有的发展机遇。尤其是 21 世纪前半叶，水电发展必将进入黄金时期，水电装机容量和发电量的同比增速稳定在 10% 以上。截至 2016 年年底，中国常规水电装机容量和水电发电量分别为 1949 年的 853 倍和 984 倍，均居全球首位（见图 7.9 和图 7.10）。

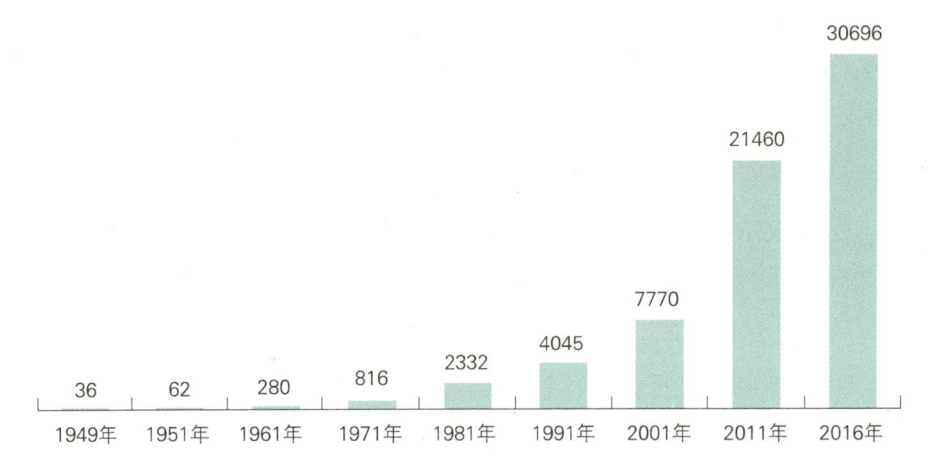

图 7.9　中国常规水电装机容量（单位：万千瓦）

数据来源：《中国水电 60 年》《可再生能源装机容量统计 2017》

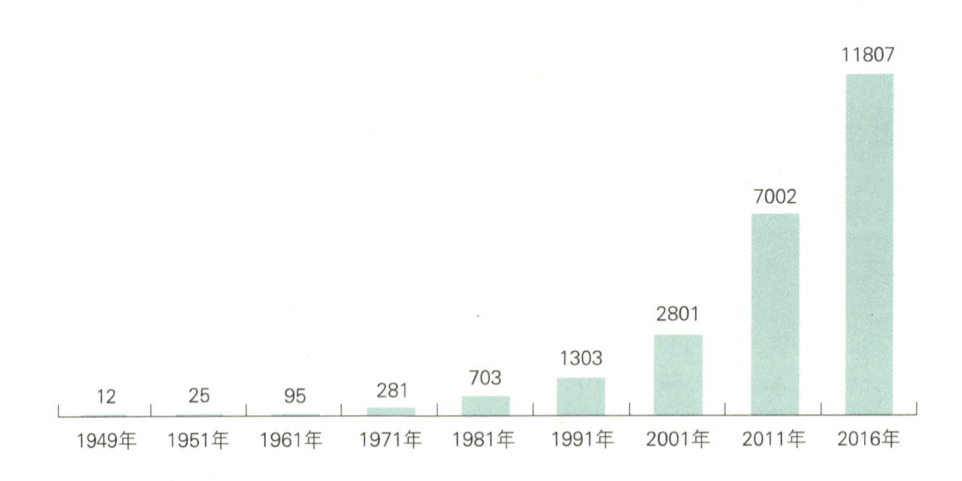

年份	装机容量
1949年	36
1951年	62
1961年	280
1971年	816
1981年	2332
1991年	4045
2001年	7770
2011年	21460
2016年	30696

图 7.10　中国水电发电量（单位：亿千瓦时）

数据来源：《中国水电 60 年》《可再生能源统计 2017》《水电现状报告 2017》

年份	发电量
1949年	12
1951年	25
1961年	95
1971年	281
1981年	703
1991年	1303
2001年	2801
2011年	7002
2016年	11807

7.2.2　中国水电发展概况

7.2.2.1　常规水电

常规水电装机容量增速持续放缓

2016 年常规水电装机容量同比增速

2.9%↑

截至 2016 年年底，中国常规水电装机容量 30696 万千瓦，约占全国能源装机容量的 18.6%，占非化石能源装机容量的 51.6%。"十二五"期间，中国常规水电装机容量年均增速 8.3%，2013 年以来，常规水电装机容量增速持续放缓，2016 年，常规水电装机容量同比增速 2.9%，为 2000 年以来的最低水平（见图 7.11）。

图 7.11　2000—2016 年中国常规水电装机容量及同比变化
数据来源：《可再生能源装机容量统计 2017》

截至 2016 年年底，四川、云南、湖北、贵州、广西、湖南、青海、福建 8 省（自治区）的常规水电装机容量均超过 1000 万千瓦（见图 7.12），占全国水电装机容量的 80.0%。其中，四川、云南两省的水电装机容量占全国水电装机容量的 43.7%，比 2015 年提升了 0.8 个百分点（见图 7.13）。

中国常规水电开发持续向西南地区集中

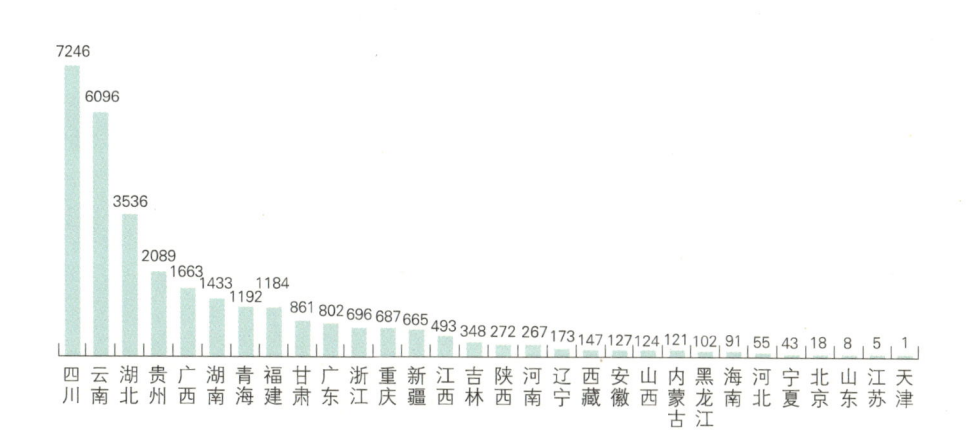

图 7.12　2016 年中国分地区常规水电装机容量（单位：万千瓦）
数据来源：《2016 年全国电力工业统计快报数据一览表》

截至 2016 年年底，四川省、云南省和西藏自治区的水力资源开发程度分别为 60.4%、59.8% 和 1.3%，其他地区平均开发程度为 81.4%（见图 7.14）。

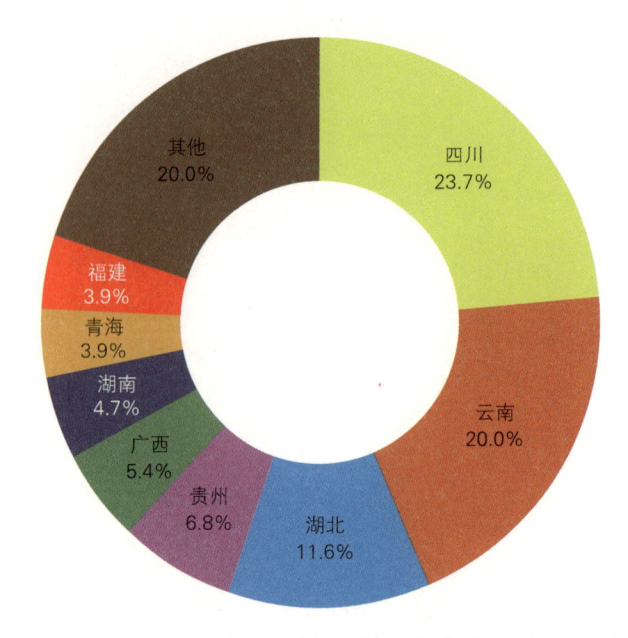

图 7.13 2016 年中国分地区常规水电装机容量占比
数据来源：《2016 年全国电力工业统计快报数据一览表》

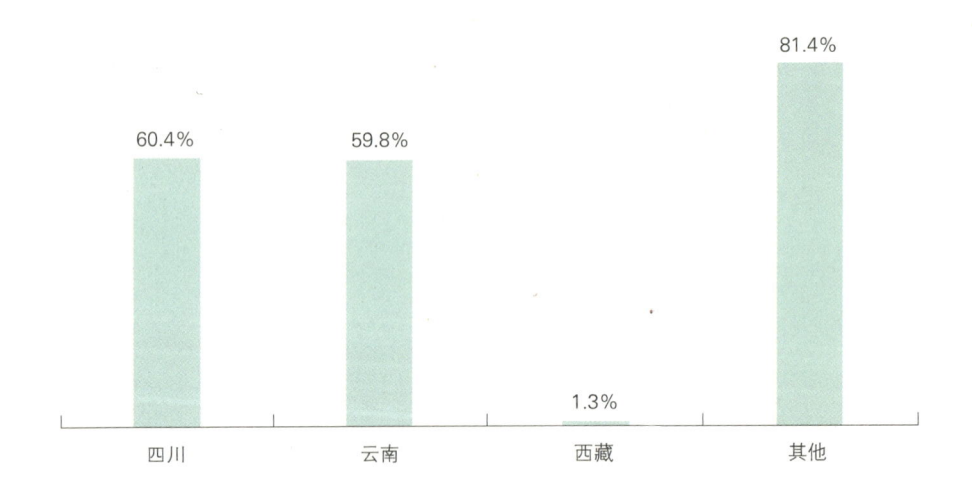

图 7.14 2016 年中国分地区水力资源开发程度
数据来源：《2016 年全国电力工业统计快报数据一览表》
《中华人民共和国水力资源复查成果 (2003 年)》

常规水电是非化石能源的主体

占非化石能源发电量的 67.6%

2016 年，中国水电发电量 11807 亿千瓦时，约占全国总发电量的 19.2%，占非化石能源发电量的 67.6%。其中，四川、云南两省占全国水电发电量的 46.1%。2013 年以来，中国常规水电发电量占非化石能源发电量的比例逐年降低（见图 7.15）。

7 美国和中国水电行业发展概况

图 7.15 2000—2016 年中国常规水电发电量及同比变化

数据来源:《2016 年全国电力工业统计快报数据一览表》
《可再生能源统计 2017》《水电现状报告 2017》

2016 年,中国水电利用小时数 3621 小时,同比增长 31 小时。2014 年以来,中国水电利用小时数基本维持在 3600 小时左右。

7.2.2.2 抽水蓄能

截至 2016 年年底,中国抽水蓄能装机容量 2669 万千瓦,约占全国总装机容量的 1.6%,占非化石能源装机容量的 4.5%。"十二五"期间,我国抽水蓄能装机容量年均增速 6.3%。2016 年,抽水蓄能装机容量同比增速 17.5%(见图 7.16)。

抽水蓄能装机容量增速显著提高

2016 年抽水蓄能装机容量同比增速

↑ 17.5%

图 7.16 2000—2016 年中国抽水蓄能装机容量及同比变化

数据来源:《2016 年全国电力工业统计快报数据一览表》
《可再生能源装机容量统计 2017》

抽水蓄能电站主要集中在中东部及南方地区

占全国抽水蓄能装机容量的73.6%

截至2016年年底,中国东中部及南方地区抽水蓄能装机容量占全国抽水蓄能装机容量的73.6%。广东、浙江两省的抽水蓄能装机容量合计为1066万千瓦,占全国抽水蓄能装机容量的40.0%(见图7.17和图7.18)。

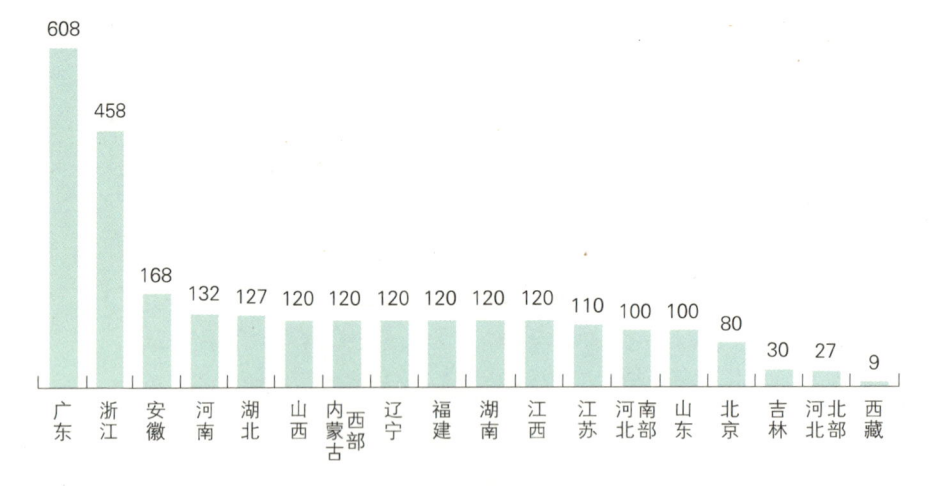

广东 608　浙江 458　安徽 168　河南 132　湖北 127　山西 120　内蒙古 120　西部 120　辽宁 120　福建 120　湖南 120　江西 110　江苏 100　河南北部 100　山东 80　北京 30　吉林 27　河北北部 9　西藏

图7.17　2016年中国分地区抽水蓄能装机容量(单位:万千瓦)
数据来源:《2016年全国电力工业统计快报数据一览表》

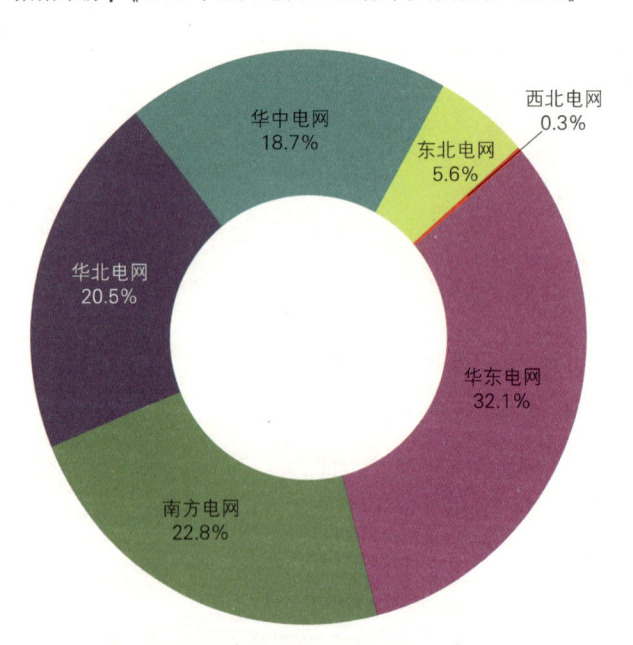

华中电网 18.7%
西北电网 0.3%
东北电网 5.6%
华北电网 20.5%
华东电网 32.1%
南方电网 22.8%

图7.18　2016年中国分地区抽水蓄能装机容量占比
数据来源:《2016年全国电力工业统计快报数据一览表》

7.2.3　中国水电发展"十三五"规划

7.2.3.1　发展目标

"十三五"期间,中国新开工常规水电和抽水蓄能电站各

6000万千瓦左右，预计2020年水电总装机容量将达到3.8亿千瓦，其中常规水电3.4亿千瓦，抽水蓄能4000万千瓦，年发电量12500亿千瓦时，折合标煤约3.75亿吨，非化石能源消费比例保持在50%左右（见表7.3）。

表7.3　　　　　　　　"十三五"期间水电发展规划目标

项　　目	新增投产规模 /万千瓦	2020年目标规模	
		装机容量 /万千瓦	年发电量 /亿千瓦时
常规水电站	4349	34000	12500
大中型水电站	3849	26000	10000
小型水电站	500	8000	2500
抽水蓄能电站	1697	4000	
合　计	6046	38000	12500

注　数据来源：《水电发展"十三五"规划》。

7.2.3.2　规划布局

西南地区以四川省、云南省和西藏自治区为重心，以重大项目为重点，结合受端市场和外送通道建设，积极推进大型水电基地开发。西北地区适应能源转型发展需要，优化开发黄河上游水电基地。到2020年，西部常规水电装机规模达到2.4亿千瓦，占全国水电装机容量的70.6%，开发程度达到44.5%。

东中部地区优化开发剩余水能资源，根据能源转型发展需要，优先挖潜改造现有水电工程，充分发挥水电调节作用，总结流域梯级水电站建设管理经验，开展水电开发后评价工作，推行中小流域生态修复。到2020年，常规水电装机规模达到1亿千瓦，占全国水电装机容量的29.4%（见图7.19），开发程度达到82.7%。

统筹优化能源、电力布局和电力系统保安、节能、经济运行水平，以电力系统需求为导向，优化抽水蓄能电站区域布局，加快开发建设。到2020年，全国抽水蓄能装机规模约4000万千瓦，"十三五"期间开工规模约6000万千瓦（见图7.20）。

据初步测算，"十三五"期间水电建设投资需求约5000亿元（见图7.21），西部的四川省、云南省和西藏自治区是常规水电建设的重点区域，水电建设投资分别达到1800亿元、1000亿元和300亿元；山东、浙江、安徽、福建、河北等省建设投资规模均超100亿元。预计常规水电单位千瓦投资在1.3万元以上，抽水蓄能单位千瓦投资在7000元左右。

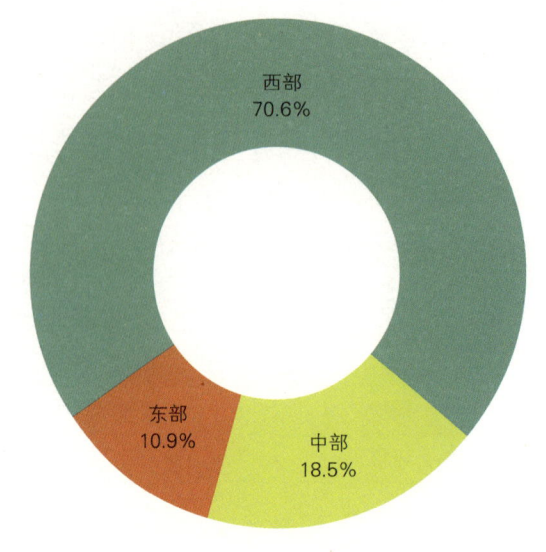

图 7.19 "十三五"期间中国常规水电装机发展布局

数据来源:《水电发展"十三五"规划》

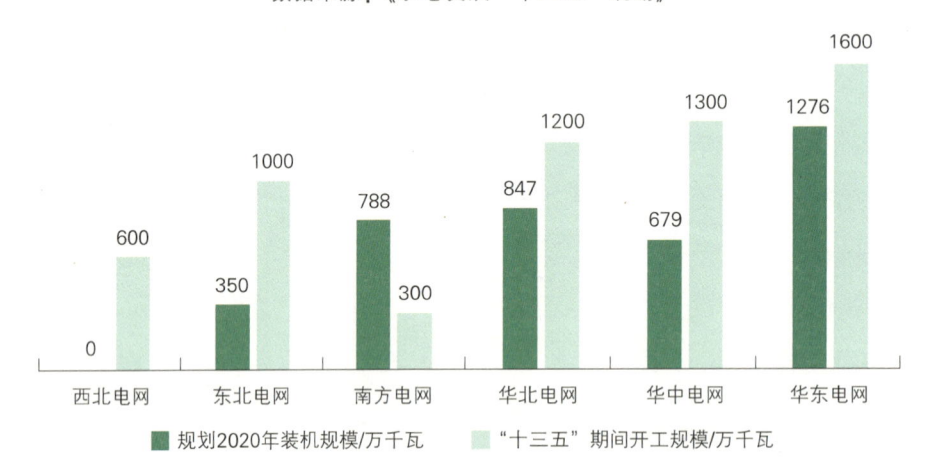

图 7.20 "十三五"期间中国抽水蓄能电站分区域布局

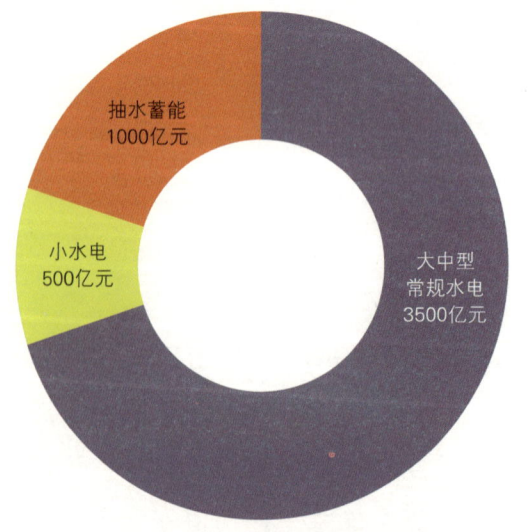

图 7.21 "十三五"期间全国水电建设投资估算

> **综合效益**
>
> "十三五"期间,水电将累计提供 56000 亿千瓦时的清洁电量,相应节约 16.8 亿吨标准煤,减少排放二氧化碳 35 亿吨、二氧化硫 1250 万吨、氮氧化物 1300 万吨,具有巨大的生态效益。
>
> 新投产水电可新增调节库容约 153 亿立方米、防洪库容约 74 亿立方米、灌溉面积约 231 万亩,改善航道 774 余千米。
>
> 抽水蓄能电站新增投产 1697 万千瓦,可提高供电稳定运行水平,节约化石能源消耗,保护生态环境。
>
> 水电建设将带动水泥、钢材的消费,新投产水电运行期年均税费可达 300 亿元。

7.2.4 中国可持续水电发展

7.2.4.1 可持续水电的提出与发展

2000 年 11 月,世界水坝委员会(WCD)发布报告《水坝与发展:决策的新框架》,强调"大坝建设付出了不可接受且通常是不必要的社会和环境代价,包括移民、生态环境问题等",不考虑各国政治、经济、文化制度的巨大差异,推行统一的决策框架。

为了回应《水坝与发展:决策的新框架》报告,正确认识水电,2002 年在南非约翰内斯堡召开的"世界可持续发展高峰会议"上,由非洲国家发起"关于大型水电项目的可持续发展作用"的提议,192 个国家首脑一致同意,肯定大型水电作为清洁的可再生能源,鼓励大型水电开发,以缓解全球变暖压力。

2004 年 10 月,联合国社会经济事务部和中国国家发展和改革委员会联合在北京召开了"联合国水电与可持续发展"研讨会,发表了《水电与可持续发展北京宣言》。

随着水电的发展,全球越来越多的关注点开始集中于如何确保水电项目选址和工程施工方法的正确性,如何有效利用和发挥水电的多重效益,从规划和运行两个阶段强调水电可持续发展的势头日渐加强。

> 水电是清洁可再生能源。水电在可持续发展中具有战略重要性。促进环境友好、社会负责和经济可行的水电发展。水电开发在社会、经济、环境等方面必须具有可持续性。"已有环境影响评估与规划的准则并不是全球适用的,我们呼吁业主和政府部门在此方面择善而从"——无需"统一的决策框架"。

可持续水电提出后,国际社会不断探索开展社会、经济、生态专项及综合评价,推动国际可持续水电开发进程(见图7.22)。

国家/组织	成果
美国	低影响水电认证(1999年)
瑞士	绿色水电认证(2001年)
德国国际合作组织	水电开发中保护流域生态系统手册(2013年)
国际金融公司	《社会和环境可持续性政策》(2006年)
国际水电协会	《水电可持续性评估规范》(2004—2011年)
多瑙河流域保护国际委员会	《多瑙河流域可持续水电发展指导原则》(2013年)

图7.22 国际可持续水电开发进程

7.2.4.2 中国可持续水电评价的意义

水电是技术成熟、运行灵活的清洁低碳可再生能源。在全球气候变化背景下,发展水电是增加低碳绿色电力供应、优化能源结构、根治雾霾、减少温室气体排放、实现国家非化石能源发展目标的重要措施。《水电发展"十三五"规划(2016—2020)》明确提出"把发展水电作为能源供给侧结构性改革、确保能源安全、促进生态文明建设"的重要战略举措。

与此同时,2017年水电行业整体处于转型时期,水电高速成长期已过,受开发成本增加、弃水严重等负面因素影响,水电投资速度明显放缓。同时,水电开发利用引起的生态及移民影响也日益受到重视。为此,党的十九大报告中指出:"要着力解决突出环境问题,加大生态系统保护力度,推进绿色发展"。中国水电主动变革,绿色转型值得期待。变革路口,开启以运行期为重点的中国水电绿色管理之路具有战略性、紧迫性和必要性。

国家能源局作为能源行业行政主管部门,高度重视水电的长远发展,提出在行业转型的时期,以行业发展需求为导向,通过理念和思路创新,树立可持续水电理念,加快解决水电行业发展面临的成本和消纳利用等实际问题。急需借鉴国际最新成果,在现阶段环境保护、移民、项目管理等基本要求之上,为支撑生态文明建设与能源绿色发展,保持与国家政策要求和社会发展趋势相适应,制定与国际高标准、严要求相接轨的中国可持续水电选优标准,为国家能源局实施行业管理提供有力依据。

7.2.4.3 中国可持续水电概念与原则

根据联合国《水电与可持续发展北京宣言》、国际水电协会《水电可持续性评估规范》、多瑙河流域保护国际委员会《多瑙河流域可持续水电发展指导原则》以及美国环保局、能源部、国家科学院等相关成果,国家水电可持续发展研究中心提出可持续水电的概念:"在社会和谐、环境友好、管理高效、经济合理等方面持续改善,实现与流域/区域社会、经济、环境系统相协调,推进绿色发展的水电站。"

可持续水电代表水电发展模式转向水电开发和运行管理与流域协调,强调对水电的综合认识,即关注水电站对流域生态系统的影响,也强调水电站带来的流域社会、经济和环境效益(见图7.23)。

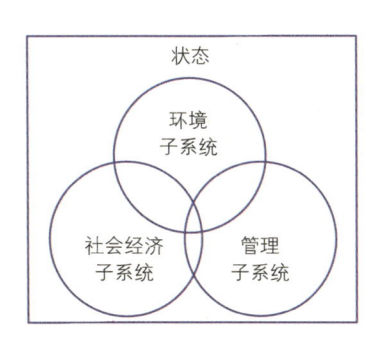

图 7.23 可持续水电概念模型

可持续水电面向社会经济子系统、环境子系统、管理子系统,遵循的基本原则包括以下几个方面:

(1) 强调可持续原则,即社会、经济、环境子系统的综合管理。

(2) 实现可持续水电的电力生产与水生、陆生生态系统保护并重。

(3) 强调水电站具有综合利用功能。

(4) 强调水电站具有区域社会经济带动效益。

(5) 强调水电与区域发展相协调,关注国家/区域的发展目标及对水电的限制。

附表1 2016年全球各国（地区）水电数据统计

区域		国家（地区）		水电装机容量/万千瓦	发电量/亿千瓦时	常规水电装机容量/万千瓦	抽水蓄能装机容量/万千瓦
		中文名称	英文名称				
亚洲	东亚	中国	China	33365.0	11807.0	30696.0	2669.0
		朝鲜	Democratic People's Republic of Korea	576.8	120.4	576.8	0
		日本	Japan	4928.0	920.0	2236.6	2691.4
		蒙古	Mongolia	2.9	0	2.9	0
		韩国	Republic of Korea	648.2	30.0	178.2	470.0
	东南亚	柬埔寨	Cambodia	93.1	22.2	93.1	0
		印度尼西亚	Indonesia	532.1	178.6	532.1	0
		老挝	Lao People's Democratic Republic	441.7	225.7	441.7	0
		马来西亚	Malaysia	561.5	179.3	561.5	0
		缅甸	Myanmar	310.4	97.9	310.4	0
		菲律宾	Philippines	361.8	93.4	293.3	68.5
		泰国	Thailand	357.3	74.7	254.2	103.1
		东帝汶	Timor-Leste			0	
		越南	Viet Nam	1755.2	711.4	1755.2	0
	南亚	阿富汗	Afghanistan	29.5	11.6	29.5	0
		孟加拉国	Bangladesh	23.0	10.1	23.0	0
		不丹	Bhutan	161.4	70.1	161.4	0
		印度	India	4758.7	1205.1	4280.1	478.6
		伊朗	Iran	1148.6	182.0	1044.6	104.0
		尼泊尔	Nepal	90.2	28.0	90.2	0
		巴基斯坦	Pakistan	728.0	344.2	728.0	0
		斯里兰卡	Sri Lanka	168.2	45.1	168.2	0

续表

区域		国家（地区）		水电装机容量/万千瓦	发电量/亿千瓦时	常规水电装机容量/万千瓦	抽水蓄能装机容量/万千瓦
		中文名称	英文名称				
亚洲	中亚	哈萨克斯坦	Kazakhstan	269.9	69.4	269.9	0
		吉尔吉斯斯坦	Kyrgyzstan	295.5	133.2	295.5	0
		塔吉克斯坦	Tajikistan	463.8	187.4	463.8	0
		土库曼斯坦	Turkmenistan	0.1	0	0	0.1
		乌兹别克斯坦	Uzbekistan	176.1	105.9	176.1	0
	西亚	亚美尼亚	Armenia	129.8	23.9	129.8	0
		阿塞拜疆	Azerbaijan	108.8	24.0	108.8	0
		格鲁吉亚	Georgia	287.7	80.5	287.7	0
		伊拉克	Iraq	251.4	46.5	227.4	24.0
		以色列	Israel	0.7	0.2	0.7	0
		约旦	Jordan	1.0	0.6	1.0	0
		黎巴嫩	Lebanon	28.3	9.4	28.3	0
		叙利亚	Syrian Arab Republic	157.1	27.1	157.1	0
		土耳其	Turkey	2671.0	670.3	2671.0	0
美洲	北美	加拿大	Canada	8077.2	3796.3	8059.8	17.4
		格陵兰	Greenland	0	2.3	0	0
		美国	United States of America	10271.9	2663.9	7143.3	3128.6
	拉丁美洲和加勒比	阿根廷	Argentina	1007.1	388.6	909.7	97.4
		伯利兹	Belize	5.4	2.6	5.4	0
		玻利维亚	Bolivia	49.7	17.2	49.7	0
		巴西	Brazil	9800.9	4102.4	9800.9	0
		智利	Chile	669.6	208.0	669.6	0
		哥伦比亚	Colombia	1160.6	467.9	1160.6	0
		哥斯达黎加	Costa Rica	232.8	72.5	232.8	0
		古巴	Cuba	6.3	1.2	6.3	0
		多米尼克	Dominica	0.7	0.3	0.7	0
		多米尼加	Dominican Republic	61.2	19.5	61.2	0
		厄瓜多尔	Ecuador	441.4	155.9	441.4	0
		萨尔瓦多	El Salvador	57.7	18.3	57.7	0

续表

区域	国家（地区） 中文名称	国家（地区） 英文名称	水电装机容量/万千瓦	发电量/亿千瓦时	常规水电装机容量/万千瓦	抽水蓄能装机容量/万千瓦
美洲	法属圭亚那	French Guiana	11.9	4.8	11.9	0
	瓜德罗普	Guadeloupe	0.9	0	0.9	0
	危地马拉	Guatemala	139.2	50.9	139.2	0
	圭亚那	Guyana	0	0	0	0
	海地	Haiti	5.4	1.9	5.4	0
	洪都拉斯	Honduras	65.7	27.9	65.7	0
	牙买加	Jamaica	3.0	1.3	3.0	0
	墨西哥	Mexico	1258.4	291.4	1258.4	0
拉丁美洲和加勒比	尼加拉瓜	Nicaragua	14.3	4.7	14.3	0
	巴拿马	Panama	163.3	62.6	163.3	0
	巴拉圭	Paraguay	881.0	623.6	881.0	0
	秘鲁	Peru	471.1	233.4	471.1	0
	波多黎各	Puerto Rico	9.9	1.1	9.9	0
	圣文森特和格林纳丁斯	Saint Vincent and the Grenadines	0.6	0.3	0.6	0
	苏里南	Suriname	18.0	12.2	18.0	0
	乌拉圭	Uruguay	153.8	75.5	153.8	0
	委内瑞拉	Venezuela	1513.7	800.0	1513.7	0
欧洲	阿尔巴尼亚	Albania	203.3	56.4	203.3	0
	安道尔	Andorra	0	1.0	0	0
	奥地利	Austria	1338.4	386.0	815.3	523.1
	白俄罗斯	Belarus	3.7	1.1	3.7	0
	比利时	Belgium	141.8	1.4	10.8	131.0
	波黑	Bosnia and Herzegovina	214.0	55.4	172.0	42.0
	保加利亚	Bulgaria	321.9	45.2	220.6	101.3
	克罗地亚	Croatia	220.9	61.3	191.6	29.3
	捷克	Czechia	225.9	31.7	108.7	117.2
	丹麦	Denmark	0.7	0.2	0.7	0
	爱沙尼亚	Estonia	0.6	0.3	0.6	0
	法罗群岛	Faroe Islands	3.8	1.1	3.8	0

续表

区域	国家（地区）		水电装机容量/万千瓦	发电量/亿千瓦时	常规水电装机容量/万千瓦	抽水蓄能装机容量/万千瓦
	中文名称	英文名称				
欧洲	芬兰	Finland	324.7	160.9	324.7	0
	法国	France	2622.9	645.2	1911.4	711.5
	德国	Germany	1140.8	215.0	458.6	682.2
	希腊	Greece	339.2	48.6	269.3	69.9
	匈牙利	Hungary	5.7	2.3	5.7	0
	冰岛	Iceland	198.7	121.8	198.7	0
	爱尔兰	Ireland	52.9	11.4	23.7	29.2
	意大利	Italy	2230.2	428.0	1471.0	759.2
	拉脱维亚	Latvia	158.9	23.3	158.9	0
	立陶宛	Lithuania	87.7	3.5	11.7	76.0
	卢森堡	Luxembourg	133.0	0.9	3.4	129.6
	黑山	Montenegro	67.1	18.0	67.1	0
	荷兰	Netherlands	3.7	1.0	3.7	0
	挪威	Norway	3170.1	1440.1	3030.4	139.7
	波兰	Poland	238.2	19.8	60.0	178.2
	葡萄牙	Portugal	616.8	153.0	437.9	178.9
	摩尔多瓦	Moldova	6.4	4.0	6.4	0
	罗马尼亚	Romania	673.0	180.8	635.9	37.1
	俄罗斯	Russia	5171.4	1783.1	5019.8	151.6
	塞尔维亚	Serbia	302.2	101.4	240.8	61.4
	斯洛伐克	Slovakia	253.6	46.3	162.0	91.6
	斯洛文尼亚	Slovenia	129.5	46.7	111.5	18.0
	西班牙	Spain	2005.3	395.0	1408.6	596.7
	瑞典	Sweden	1646.9	612.4	1637.0	9.9
	瑞士	Switzerland	1375.1	311.9	1191.2	183.9
	马其顿	Macedonia	65.8	25.2	65.8	0
	英国	United Kingdom	454.1	45.3	179.7	274.4
	乌克兰	Ukraine	588.6	122.0	470.0	118.6

续表

区域	国家（地区） 中文名称	国家（地区） 英文名称	水电装机容量/万千瓦	发电量/亿千瓦时	常规水电装机容量/万千瓦	抽水蓄能装机容量/万千瓦
非洲	阿尔及利亚	Algeria	27.6	2.6	27.6	0
	安哥拉	Angola	92.1	49.5	92.1	0
	贝宁	Benin	0.1	0	0.1	0
	布基纳法索	Burkina Faso	3.2	1.0	3.2	0
	布隆迪	Burundi	5.7	1.4	5.7	0
	喀麦隆	Cameroon	72.1	45.0	72.1	0
	中非共和国	Central African Republic	1.9	2.0	1.9	0
	科摩罗	Comoros	0.1	0	0.1	0
	刚果共和国	Republic of Congo	21.5	9.6	21.5	0
	科特迪瓦	Côte d'Ivoire	60.4	18.0	60.4	0
	刚果民主共和国	Democratic Republic of the Congo	257.9	83.1	257.9	0
	埃及	Egypt	285.1	131.0	285.1	0
	赤道几内亚	Equatorial Guinea	12.7	1.2	12.7	0
	埃塞俄比亚	Ethiopia	382.6	96.7	382.6	0
	加蓬	Gabon	33.0	8.0	33.0	0
	加纳	Ghana	158.4	83.3	158.4	0
	几内亚	Guinea	36.8	13.6	36.8	0
	肯尼亚	Kenya	82.6	35.0	82.6	0
	莱索托	Lesotho	7.5	5.5	7.5	0
	利比里亚	Liberia	2.6	0	2.6	0
	马达加斯加	Madagascar	16.3	8.6	16.3	0
	马拉维	Malawi	35.1	14.3	35.1	0
	马里	Mali	18.4	7.9	18.4	0
	毛里塔尼亚	Mauritania	4.8	3.8	4.8	0
	毛里求斯	Mauritius	6.1	0.9	6.1	0
	摩洛哥	Morocco	177.0	26.0	130.6	46.4
	莫桑比克	Mozambique	218.7	105.0	218.7	0
	纳米比亚	Namibia	33.2	15.2	33.2	0
	尼日利亚	Nigeria	204.1	56.6	204.1	0

续表

区域	国家（地区）中文名称	国家（地区）英文名称	水电装机容量/万千瓦	发电量/亿千瓦时	常规水电装机容量/万千瓦	抽水蓄能装机容量/万千瓦
非洲	留尼汪	Reunion	13.4	4.5	13.4	0
	卢旺达	Rwanda	9.8	2.8	9.8	0
	圣多美和普林西比	Sao Tome and Principe	0.2	0.1	0.2	0
	塞内加尔	Senegal	7.8	0	7.8	0
	塞拉利昂	Sierra Leone	5.6	1.4	5.6	0
	南非	South Africa	343.4	9.5	70.2	273.2
	苏丹	Sudan	159.3	63.1	159.3	0
	斯威士兰	Swaziland	6.2	2.6	6.2	0
	多哥	Togo	6.7	0.9	6.7	0
	突尼斯	Tunisia	6.6	0.7	6.6	0
	乌干达	Uganda	70.1	19	70.1	0
	坦桑尼亚	Tanzania	57.8	19.2	57.8	0
	赞比亚	Zambia	239.0	70.9	239.0	0
	津巴布韦	Zimbabwe	79.2	54.5	79.2	0
大洋洲	澳大利亚	Australia	804.8	170.7	730.8	74.0
	斐济	Fiji	13.4	5.2	13.4	0
	法属波利尼西亚	French Polynesia	4.7	2.9	4.7	0
	密克罗尼西亚	Micronesia	0	0	0	0
	新喀里多尼亚	New Caledonia	7.8	3.4	7.8	0
	新西兰	New Zealand	527.4	251.4	527.4	0
	巴布亚新几内亚	Papua New Guinea	27.4	6.1	27.4	0
	萨摩亚	Samoa	1.3	0.4	1.3	0
	所罗门群岛	Solomon Islands	0	0	0	0
	瓦努阿图	Vanuatu	0.1	0	0.1	0

附表 2 全球水电装机容量前 10 名国家

装机容量/万千瓦

序号	国家	2000 年	2001 年	2002 年	2003 年	2004 年	2005 年	2006 年	2007 年	2008 年	2009 年	2010 年	2011 年	2012 年	2013 年	2014 年	2015 年	2016 年
1	中国	7935	8270	8607	9490	10524	11739	13029	14823	17260	19629	21470	23298	24947	28045	30211	32091	33365
2	美国	9888	9858	9973	9922	9841	9889	9928	9977	9979	10068	10102	10094	10111	10159	10216	10230	10272
3	巴西	6106	6241	6447	6770	6909	7106	7368	7687	7755	7861	8070	8246	8429	8602	8919	9206	9801
4	加拿大	6741	6706	6921	7037	7086	7198	7284	7346	7441	7469	7508	7557	7554	7554	7853	7923	8077
5	俄罗斯	4434	4468	4483	4522	4553	4580	4606	4680	4707	4731	4743	4748	4944	5010	5085	5152	5171
6	日本	4632	4636	4640	4671	4674	4729	4736	4731	4734	4724	4774	4842	4897	4894	4895	4915	4928
7	印度	2548	2623	2719	2865	3070	3257	3428	3652	3828	3918	4009	4152	4236	4288	4436	4626	4759
8	挪威	2792	2747	2788	2795	2796	2847	2865	2888	2938	2950	2966	2993	3047	3100	3120	3134	3170
9	土耳其	1118	1167	1224	1258	1265	1291	1306	1340	1383	1455	1583	1714	1961	2229	2364	2587	2671
10	法国	2513	2515	2526	2521	2509	2511	2512	2513	2510	2519	2540	2535	2537	2536	2529	2528	2623

附表3 全球水电发电量前10名国家

发电量/亿千瓦时

序号	国家	2000年	2001年	2002年	2003年	2004年	2005年	2006年	2007年	2008年	2009年	2010年	2011年	2012年	2013年	2014年	2015年	2016年
1	中国	2250	2801	2906	2863	3562	3993	4181	4761	5709	5789	6975	7002	8633	9022	10601	11143	11807
2	巴西	3044	2679	2861	3056	3208	3375	3488	3740	3696	3910	4033	4283	4154	3910	3734	3598	4102
3	加拿大	3586	3334	3507	3073	3410	3620	3530	3677	3776	3688	3515	3758	3803	3919	3826	3807	3796
4	美国	2800	2147	2918	3057	2979	2979	3177	2756	2820	2984	2863	3446	2983	2901	2815	2706	2664
5	俄罗斯	1644	1749	1633	1568	1766	1735	1741	1778	1653	1752	1675	1665	1663	1812	1756	1699	1783
6	挪威	1423	1210	1298	1061	1093	1365	1197	1347	1400	1261	1172	1216	1428	1287	1362	1390	1440
7	印度	756	749	653	765	865	1047	1170	1252	1152	1092	1194	1356	1295	1397	1342	1503	1205
8	日本	975	945	924	1049	1039	869	980	848	841	844	913	924	842	855	876	876	920
9	委内瑞拉	708	708	669	669	743	772	816	832	869	860	768	833	819	815	863	760	800
10	越南	138	160	173	175	177	178	188	205	247	300	362	422	568	617	660	582	711

附表 4 全球常规水电装机容量前 10 名国家

装机容量/万千瓦

序号	国家	2000年	2001年	2002年	2003年	2004年	2005年	2006年	2007年	2008年	2009年	2010年	2011年	2012年	2013年	2014年	2015年	2016年
1	中国	7435	7770	8107	8990	10024	11179	12409	13929	16240	18259	19945	21460	22914	25892	28000	29820	30696
2	巴西	6106	6241	6447	6770	6909	7106	7368	7687	7755	7861	8070	8246	8429	8602	8919	9206	9801
3	加拿大	6723	6688	6903	7020	7068	7180	7266	7328	7423	7451	7490	7540	7536	7536	7836	7906	8060
4	美国	7936	7891	7936	7869	7764	7754	7782	7789	7793	7852	7020	7003	7011	7057	7105	7111	7143
5	俄罗斯	4314	4348	4361	4401	4439	4462	4485	4559	4585	4609	4621	4626	4823	4889	4963	5017	5020
6	印度	2394	2454	2506	2621	2827	2934	3064	3243	3349	3439	3531	3673	3757	3810	3957	4147	4280
7	挪威	2792	2747	2788	2795	2796	2847	2865	2765	2806	2819	2837	2862	2916	2968	2989	2994	3030
8	土耳其	1118	1167	1224	1258	1265	1291	1306	1340	1383	1455	1583	1714	1961	2229	2364	2587	2671
9	日本	2202	2162	2170	2201	2205	2213	2220	2182	2185	2178	2236	2214	2223	2223	2223	2223	2237
10	法国	2327	2330	2340	2341	2329	2330	2332	1783	1792	1801	1816	1810	1812	1812	1813	1816	1911

附表 5 全球抽水蓄能装机容量前 10 名国家

装机容量/万千瓦

序号	国家	2000 年	2001 年	2002 年	2003 年	2004 年	2005 年	2006 年	2007 年	2008 年	2009 年	2010 年	2011 年	2012 年	2013 年	2014 年	2015 年	2016 年
1	美国	1952	1967	2037	2052	2076	2135	2146	2189	2186	2216	3082	3092	3100	3102	3112	3119	3129
2	日本	2431	2474	2471	2471	2469	2516	2516	2549	2549	2546	2537	2627	2674	2671	2671	2691	2691
3	中国	500	500	500	500	500	560	620	895	1020	1370	1525	1838	2033	2153	2211	2271	2669
4	意大利	396	398	396	396	396	396	396	754	754	754	754	754	756	756	759	759	759
5	法国	186	186	186	180	180	180	180	730	718	718	725	725	725	725	717	712	712
6	德国	465	456	465	454	513	565	565	675	670	696	697	697	681	681	681	682	682
7	西班牙	242	242	242	242	242	242	242	541	541	544	526	526	526	511	514	597	597
8	奥地利	0	0	0	0	0	0	0	397	442	462	479	503	511	511	521	523	523
9	印度	154	169	214	244	244	324	364	409	479	479	479	479	479	479	479	479	479
10	韩国	160	230	230	230	230	230	390	390	390	390	390	470	470	470	470	470	470

附表 6　全球坝高前 100 名大坝

序号	大坝（水库）名称		国家	坝型	坝高/米	总库容/亿立方米	装机容量/万千瓦	建成年份
1	锦屏一级	Jinping I	中国	VA	305	77.6	360	2014
2	努列克	Nurek	塔吉克斯坦	TE	300	105	270	1980
3	两河口	Lianghekou	中国	ER	295	101.54	300	在建
4	小湾	Xiaowan	中国	VA	294	150.43	420	2012
5	溪洛渡	Xiluodu	中国	VA	286	129.14	1386	2015
6	大狄克逊	Grande Dixence	瑞士	PG	285	4.01	80.4	1962
7	白鹤滩	Baihetan	中国	VA	277	188	1400	在建
8	英古里	Inguri	格鲁吉亚	VA	272	11	132	1987
9	迪阿莫-巴沙	Diamer - Bhasha	巴基斯坦	PG	272	100	480	在建
10	优素费利	Yusufeli	土耳其	VA	270	10.8	54	在建
11	博鲁卡	Boruca	哥斯达黎加	TE	267	149.6	140	1990
12	瓦依昂	Vajont	意大利	VA	262	1.68	—	1960
13	奇柯阿森	Chicoasen	墨西哥	TE	262	16.13	150	1980
14	糯扎渡	Nuozhadu	中国	ER	262	237.03	565	2015
15	阿尔瓦罗·欧博雷冈	Alvaro Obregon	墨西哥	PG	260	4	8.64	1952
16	特里	Tehri	印度	TE/PG/ER	260	26	240	2005
17	茨哈峡	Cihaxia	中国	ER	254	41	260	在建
18	莫瓦桑	Mauvoisin	瑞士	VA	250	2.11	36.3	1957
19	拉西瓦	Laxiwa	中国	VA	250	10.79	420	2010
20	德里内尔	Deriner	土耳其	VA	249	19.69	67	2013
21	瓜维奥	Guavio	哥伦比亚	TE	247	9	160	1992
22	麦卡	Mica	加拿大	TE	243	250	180.5	1972
23	阿尔伯托·里拉斯	Alberto Lleras	哥伦比亚	ER	243	9.7	115	1989
24	吉贝Ⅲ	Gibe Ⅲ	埃塞俄比亚	PG	243	146.9	187	2016
25	萨扬-舒申斯克	Sayano - Shushenskaya	俄罗斯	VA/PG	242	313	640	1990

续表

序号	大坝（水库）名称		国家	坝型	坝高/米	总库容/亿立方米	装机容量/万千瓦	建成年份
26	二滩	Ertan	中国	VA	240	58	330	2000
27	长河坝	Changheba	中国	ER	240	10.75	260	2013
28	奇沃尔	La Esmeralda	哥伦比亚	ER	237	7.6	100	1976
29	吉申	Kishau	印度	PG	236	18.1	60	1995
30	奥罗维尔	Oroville	美国	TE/ER	235	43.67	76.2	1968
31	埃尔卡洪	El Cajon	洪都拉斯	VA	234	70.85	30	1985
32	奇而克依	Chirkey	俄罗斯	VA	233	27.8	100	1978
33	水布垭	Shuibuya	中国	ER	233	45.8	184	2009
34	构皮滩	Goupitan	中国	VA	232	64.54	300	2009
35	卡伦4级	Karun 4	伊朗	VA	230	21.9	100	2010
36	贝克赫姆	Bekhme	伊拉克	TE	230	170	150	在建
37	塔桑	Tasang	缅甸	PG	228	—	710	在建
38	巴拉克	Bhakra	印度	PG	226	96.2	132.5	1963
39	卢佐内	Luzzone	瑞士	VA	225	1.08	41.8	1963
40	猴子岩	Houziyan	中国	ER	224	7.06	170	2016
41	胡佛	Hoover	美国	VA	223	373	208	1936
42	伊尔普拉塔那尔	El Platanal	秘鲁	ER	221	—	—	在建
43	孔特拉	Contra	瑞士	VA	220	1.05	10.5	1965
44	姆拉丁其	Mratinje	黑山	VA	220	8.9	36	1985
45	南俄3	Nam Ngum 3	老挝	ER	220	13.2	44	2002
46	拉耶斯卡	La Yesca	墨西哥	ER	220	25	75	2012
47	德沃夏克	Dworshak	美国	PG	219	42.8	40	1973
48	江坪河	Jiangpinghe	中国	ER	219	13.6	45	在建
49	格伦峡	Glen Canyon	美国	VA	216	355.5	132	1966
50	龙滩	Longtan	中国	PG	216	299.2	630	2009
51	托克托古尔	Toktogul	吉尔吉斯斯坦	PG	215	195	120	1978
52	丹尼尔·约翰逊	Daniel Johnson	加拿大	VA	214	1418.5	159.6	1968
53	玛尔挡	Maerdang	中国	ER	211	12.74	220	在建
54	埃尔梅内克	Ermenek	土耳其	VA	210	45.8	30	2012
55	大岗山	Dagangshan	中国	VA	210	7.24	260	2015
56	坡突古斯	Portugues	波多黎各	VA	210	—	—	在建

续表

序号	大坝（水库）名称		国家	坝型	坝高/米	总库容/亿立方米	装机容量/万千瓦	建成年份
57	奥本	Auburn	美国	VA	209	31	75	1975
58	伊拉佩	Irape	巴西	ER	208	59.6	36	2006
59	凯班	Keban	土耳其	PG	207	310	133	1974
60	锡马潘	Zimapan	墨西哥	VA	207	9.96	40	1994
61	卡伦3级	Karun 3	伊朗	VA	205	29.7	228	2005
62	巴贡	Bakun	马来西亚	ER	205	438	240	2011
63	罗斯	Ross	美国	VA	204	17.4	40	1949
64	迪兹	Dez	伊朗	VA	204	33.4	52	1970
65	拉克瓦	Lakhwar	印度	PG	204	5.88	30	在建
66	阿尔门德拉	Almendra	西班牙	VA	202	26.5	82.8	1970
67	坎普斯·诺沃斯	Campos Novos	巴西	ER	202	16.5	88	2006
68	查格拉	Chaglla	秘鲁	ER	202	3.75	40.6	2016
69	伯克	Berke	土耳其	VA	201	4.27	51	1999
70	胡顿	Khudoni	格鲁吉亚	VA	201	3.65	70	在建
71	光照	Guangzhao	中国	PG	200.5	32.45	104	2007
72	卡伦1级	Karun 1	伊朗	VA	200	31.4	200	1976
73	柯恩布莱恩	Koelnbrein	奥地利	VA	200	2	89.1	1977
74	卡比尔	Kabir	伊朗	VA	200	29	100	1977
75	圣罗可	San Roque	菲律宾	TE	200	8.4	34.5	2003
76	新布拉兹巴	New Bullards Bar	美国	VA	197	11.9	34	1969
77	伊泰普	Itaipu	巴西/巴拉圭	PG	196	290	1400	1991
78	阿尔廷卡亚	Altinkaya	土耳其	ER	195	57.6	70.3	1988
79	博亚巴特	Boyabat	土耳其	PG	195	35.57	52.8	2012
80	卡赫三3号	Khersan-3	伊朗	VA	195	11.58	40	2017
81	七橡树	Seven Oaks	美国	TE	193	1.79	—	1999
82	卡拉恩琼卡	Karahnjukar	冰岛	ER	193	21	69	2008
83	新梅浓	New Melones	美国	ER	190	35.4	30	1979
84	嗦嘎摩梭	Sogamoso	哥伦比亚	ER	190	48	82	2015
85	拉帕茹塔	La Parota	墨西哥	TE	189	67.9	90	在建
86	米尔1级	Miel 1	哥伦比亚	PG	188	5.65	39.6	2002
87	阿瓜米尔帕	Aguamilpa	墨西哥	ER	187	69.5	96	1994
88	黑部	Kurobe	日本	VA	186	1.99	33.5	1964

续表

序号	大坝（水库）名称		国家	坝型	坝高/米	总库容/亿立方米	装机容量/万千瓦	建成年份
89	齐勒尔格林德尔	Zillergruendl	奥地利	VA	186	0.9	36	1986
90	埃尔卡洪	El Cajon	墨西哥	ER	186	50	75	2006
91	三板溪	Sanbanxi	中国	ER	186	40.94	100	2006
92	瀑布沟	Pubugou	中国	ER	186	53.9	360	2009
93	锅浪跷	Guolangqiao	中国	ER	186	1.84	21	在建
94	莫西罗克	Mossyrock	美国	VA	185	20.8	30	1968
95	欧马皮纳尔	Oymapinar	土耳其	VA	185	3	54	1984
96	卡齐	Katse	莱索托	VA	185	19.5	7.2	1998
97	巴拉格兰德	Barra Grande	巴西	ER	185	50	69.9	2006
98	南俄 2	Nam Ngum 2	老挝	ER	185	42.3	61.5	2011
99	班尼特	Bennett	加拿大	TE	183	743	273	1967
100	沙斯塔	Shasta	美国	VA	183	56.2	67.6	1945

注　VA—拱坝；PG—重力坝；ER—堆石坝；TE—土坝。

附表 7 全球库容前 100 名大坝

序号	大坝（水库）名称		国家	坝型	总库容/亿立方米	坝高/米	装机容量/万千瓦	建成年份
1	欧文瀑布	Owen Falls	乌干达	PG	2048	31	18	1954
2	卡里巴	Kariba	赞比亚/津巴布韦	VA	1806	128	131.9	1959
3	布拉茨克	Bratsk	俄罗斯	PG	1690	125	450	1964
4	阿斯旺	Aswan	埃及	ER	1620	111	210	1970
5	阿科松博	Akosombo	加纳	ER	1500	134	102	1965
6	丹尼尔·约翰逊	Daniel Johnson	加拿大	VA	1418.5	214	159.6	1968
7	古里	Guri	委内瑞拉	PG/ER/TE	1350	162	1000	1986
8	班尼特	Bennett	加拿大	TE	743	183	273	1967
9	克拉斯诺亚尔斯克	Krasnoyarsk	俄罗斯	PG	733	124	600	1967
10	结雅	Zeya	俄罗斯	PG	684	115	133	1978
11	海大瑟	Hidase	埃塞俄比亚	PG	630	170	525	2017
12	拉格郎德 2 级	La Grande - 2	加拿大	ER	617.2	168	772.2	1992
13	拉格郎德 3 级	La Grande - 3	加拿大	ER	600.2	93	241.8	1984
14	乌斯季伊利姆	Ust - Ilimsk	俄罗斯	PG	593	102	384	1977
15	博古昌	Boguchany	俄罗斯	ER/PG	582	87	400	2012
16	古比雪夫	Kuibyshev	俄罗斯	PG	580	45	230	1955
17	塞拉达梅萨	Serra da Mesa	巴西	ER	544	154	127.5	1998
18	卡尼亚皮斯科	Caniapiscau	加拿大	ER	537.9	54	71.2	1981
19	卡布拉巴萨	Cahora Bassa	莫桑比克	VA	520	171	207.5	1974
20	上韦恩根格	Upper Wainganga	印度	TE	507	43	60	1998
21	布赫塔尔马	Bukhtarma	哈萨克斯坦	PG	498	90	73.8	1960
22	阿塔图尔克	Ataturk	土耳其	ER	487	169	240	1991
23	伊尔库茨克	Irkutsk	俄罗斯	TE	460	44	66.2	1955
24	图库鲁伊	Tucurui	巴西	PG	455	95	837	1984
25	巴贡	Bakun	马来西亚	ER	438	205	240	2011

附表 7　全球库容前 100 名大坝

续表

序号	大坝（水库）名称		国家	坝型	总库容/亿立方米	坝高/米	装机容量/万千瓦	建成年份
26	塞罗斯科罗拉多斯	Cerros Colorados	阿根廷	TE	430	35	45	1978
27	三峡	Three Gorges	中国	PG	393	181	2250	2010
28	胡佛	Hoover	美国	VA	373	223	208	1936
29	维柳依	Vilyui	俄罗斯	ER	359	75	65	1967
30	格伦峡	Glen Canyon	美国	VA	355.5	216	132	1966
31	奎卢	Kouilou	刚果	VA	350	137	—	1992
32	索布拉廷诺	Sobradinho	巴西	TE	341	41	105	1979
33	丹江口	Danjiangkou	中国	PG	339.1	112	90	1968/2009
34	丘吉尔瀑布	Churchill Falls	加拿大	TE	323.2	32	542.8	1974
35	斯金斯湖 1 号	Skins Lake No.1	加拿大	TE	322	25	460	1953
36	詹帕格/基斯基托	Jenpeg/Kiskitto	加拿大	TE	317.9	15	13.5	1979
37	伏尔加格勒	Volgograd	俄罗斯	TE	315	47	256.3	1962
38	萨扬-舒申斯克	Sayano-Shushenskaya	俄罗斯	VA	313	242	640	1990
39	凯班	Keban	土耳其	PG	310	207	133	1974
40	加里森	Garrison	美国	TE	302.2	64	58.33	1953
41	泰尼考斯克	Tainionkoski	芬兰	PG	300	21	6.2	1949
42	易洛魁	Iroquois	加拿大	PG	299.6	23	188	1958
43	龙滩	Longtan	中国	PG	299.2	216	630	2009
44	奥阿西	Oahe	美国	TE	291.1	74.7	59.5	1962
45	伊泰普	Itaipu	巴西/巴拉圭	PG	290	196	1400	1991
46	斯莫尔伍德	Smallwood	加拿大	TE	289.7	16	—	1971
47	密西瀑布	Missi Falls	加拿大	TE	283.7	18	—	1976
48	卡普恰盖	Kapchagay	哈萨克斯坦	TE	281	56	36.4	1970
49	罗曼德拉塔	Loma de la Lata	阿根廷	TE	277.7	16	—	1977
50	科索	Kossou	科特迪瓦	TE	276.8	58	17.55	1973
51	龙羊峡	Longyangxia	中国	VA	276.3	178	128	1989
52	雷宾斯克水库	Rybinsk Reservoir	俄罗斯	TE	254	33	34.6	1945
53	利穆埃鲁	Limoeiro	巴西	TE	251.6	41	3.2	1958

续表

序号	大坝（水库）名称		国家	坝型	总库容/亿立方米	坝高/米	装机容量/万千瓦	建成年份
54	麦卡	Mica	加拿大	TE	250	243	180.5	1972
55	乌塔尔德4级	Outardes-4	加拿大	ER	243.5	122	78.5	1969
56	格尔柯伊	Gölköy	土耳其	TE	240.7	24	—	1970
57	布罗科蓬多	Brokopondo	苏里南	PG/ER	240	66	12	1965
58	齐姆良斯克	Tsimliansk	俄罗斯	PG/TE	240	41	16	1952
59	肯尼	Kenney	加拿大	ER	238	104	167	1954
60	糯扎渡	Nuozhadu	中国	ER	237.03	262	565	2015
61	佩克堡	Fort Peck	美国	TE	235.6	78	18.5	1940
62	乌斯季汉泰	Ust-Khantaika	俄罗斯	ER	235	65	44.1	1972
63	富尔纳斯	Furnas	巴西	ER	229.5	127	121.6	1963
64	普拉挠特	Planalto	巴西	TE	229.5	14	1.7	2009
65	拉杰加特	Rajghat	印度	PG/TE	217.2	44	4.5	2006
66	新安江	Xinanjiang	中国	PG	216.26	105	85	1965
67	索尔泰拉岛	Ilha Solteire	巴西	PG	211.7	74	344.4	1978
68	特雷斯玛丽亚斯	Tres Marias	巴西	TE	210	75	38.76	1969
69	亚西雷塔	Yacyreta	阿根廷/巴拉圭	PG	210	43	310	1994
70	布列亚	Bureya	俄罗斯	PG	209	139	201	2009
71	埃尔乔孔	El Chocon	阿根廷	TE	202	86	120	1972
72	波尔图普里马韦拉	Porto Primavera	巴西	PG/TE	200	38	154	1999
73	丹尼斯-普隆	Denis-Perron	加拿大	ER	196.08	171	88.2	2001
74	拉格朗德4级	La Grande 4	加拿大	ER	195.3	128	277.9	1985
75	托克托古尔	Toktogul	吉尔吉斯斯坦	PG	195	215	120	1978
76	白鹤滩	Baihetan	中国	VA	188	277	1400	在建
77	卡霍夫	Kakhov	乌克兰	PG	181.8	37	35.1	1958
78	思锐纳格瑞德	Srinagarind	泰国	ER	177.45	140	72	1978
79	恩博尔卡索	Emborcasao	巴西	PG	175.9	158	119.2	1982
80	巴尔比纳	Balbina	巴西	PG	175.4	33	25	1987
81	上斯维尔	Verkhne-Svirskaya	俄罗斯	PG	175	32	16	1952

续表

序号	大坝（水库）名称		国家	坝型	总库容/亿立方米	坝高/米	装机容量/万千瓦	建成年份
82	伊通比亚拉	Itumbiara	巴西	TE/PG	170	110	208	1980
83	明盖恰乌尔	Mingechaur	阿塞拜疆	TE	160	80	37	1953
84	小湾	Xiaowan	中国	VA	150.4	294	420	2012
85	戈登	Gordon	澳大利亚	VA	150	140	75	1974
86	卡因吉	Kainji	尼日利亚	PG	150	66	76	1968
87	波特雷里约斯	Potrerillos	阿根廷	TE	150	116	16	2002
88	博鲁卡	Boruca	哥斯达黎加	TE	149.6	267	140	1990
89	伦迪尔	Reindeer	加拿大	PG	148.6	12	—	1942
90	吉贝Ⅲ	GibeⅢ	埃塞俄比亚	PG	146.9	243	187	2016
91	水丰	Shuifeng	中国/朝鲜	PG	146.66	106	90	1988
92	塔布瓜	Tabqa	叙利亚	TE	140	60	82.4	1976
93	紧水滩	Jinshuitan	中国	VA	139.3	102	30	1988
94	贝尔西米	Bersimis	加拿大	ER	139	61	117.8	1956
95	帕缪斯卡丘1号	Pamouscachious 1	加拿大	PG	139	20	—	1955
96	塔贝拉	Tarbela	巴基斯坦	TE	139	143	347.8	1976
97	新丰江	Xinfengjiang	中国	PG	138.96	105	35.5	1977
98	下卡马	Nizhne-Kamsk	俄罗斯	PG	138	36	124.8	1979
99	肯依尔	Kenyir	马来西亚	ER	136	155	40	1985
100	克列缅丘格	Kremenchug	乌克兰	TE	135.2	33	62.5	1960

注　VA—拱坝；PG—重力坝；ER—堆石坝；TE—土坝。

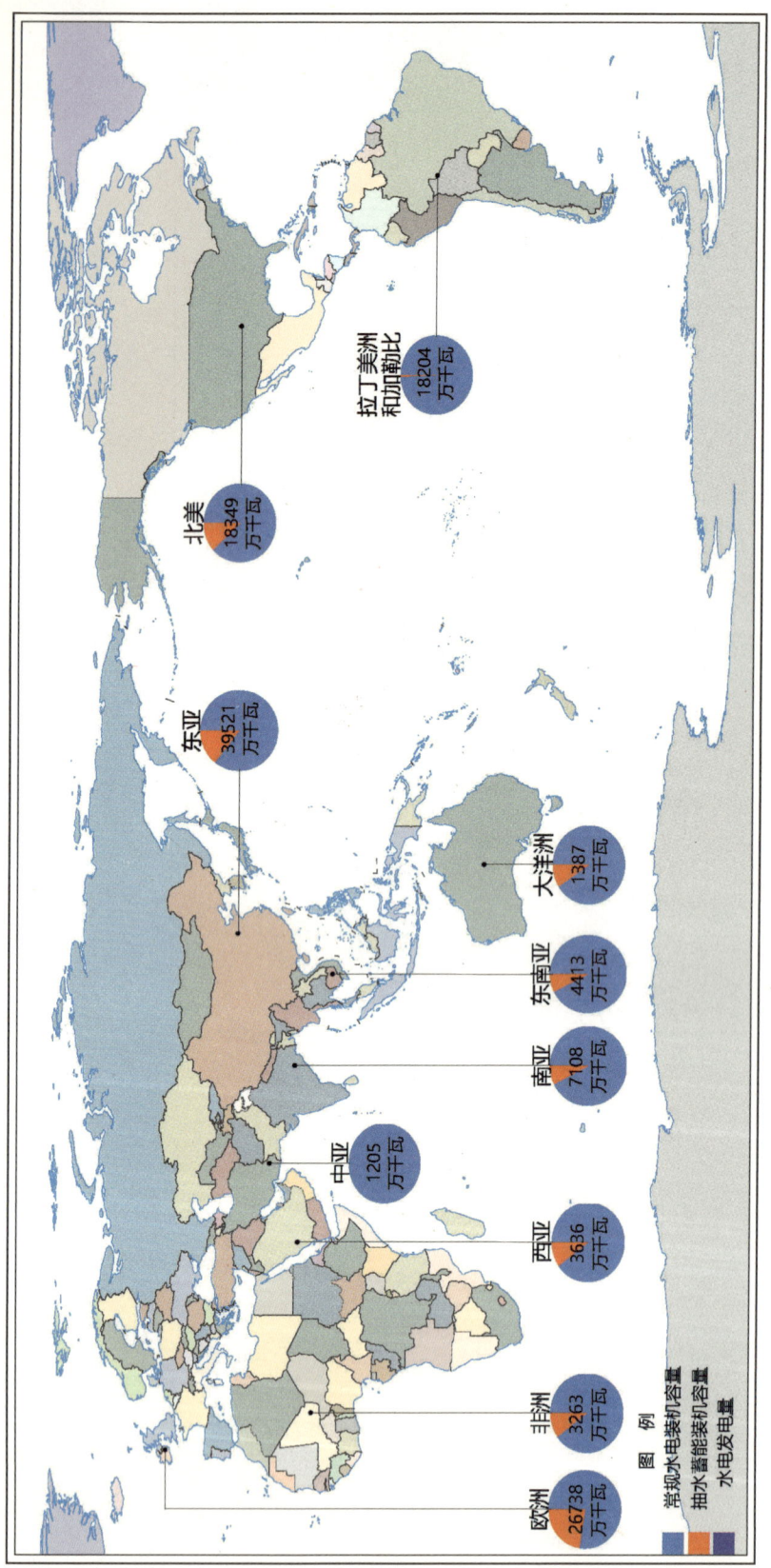

附图1 全球水电概览

（注：图中数据为常规水电装机容量与抽水蓄能装机容量之和）

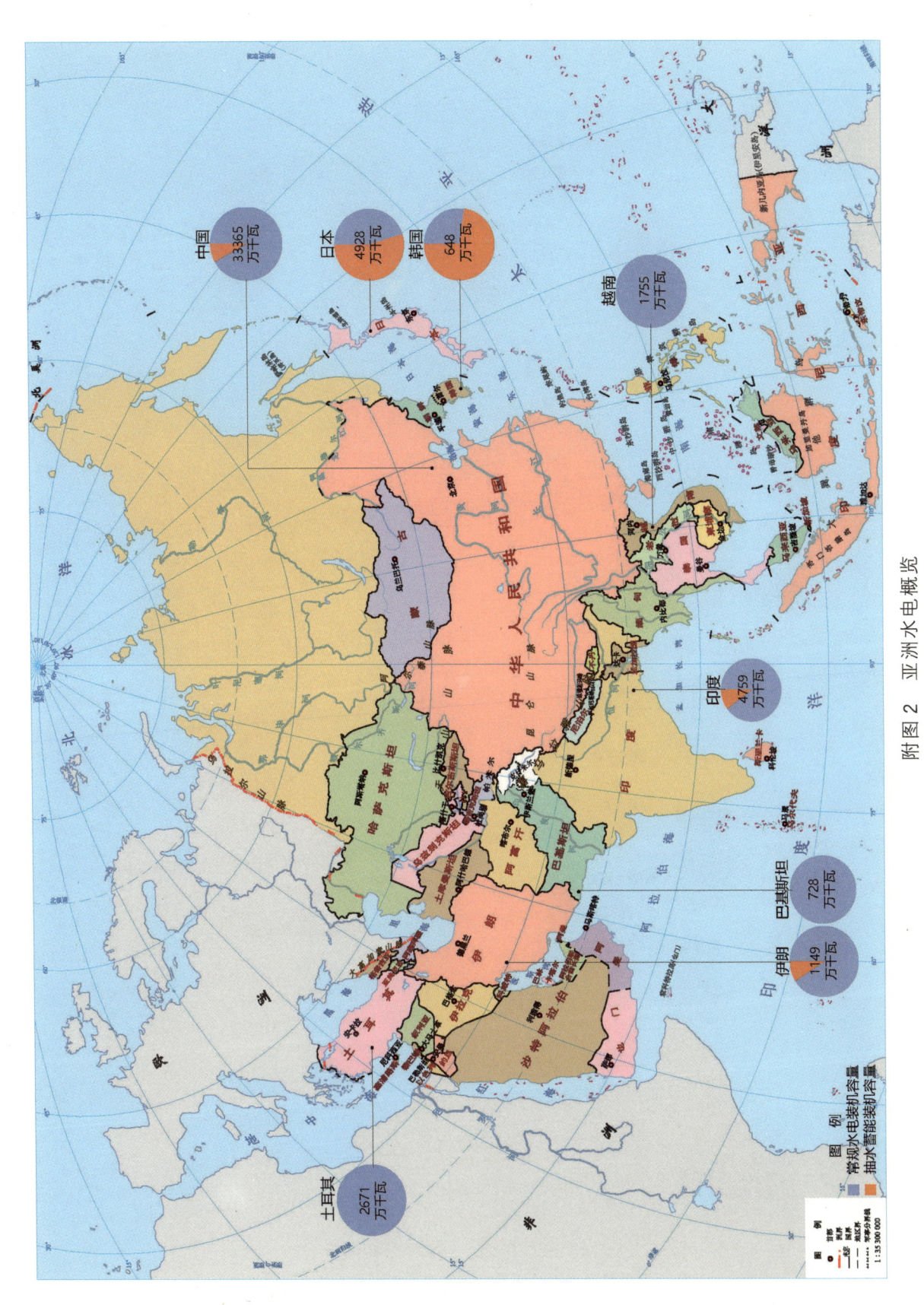

附图2 亚洲水电概览

(注：图中数据为常规水电装机容量与抽水蓄能装机容量之和)

附图3（一） 美洲水电概览

(注：图中数据为常规水电装机容量与抽水蓄能装机容量之和)

附图3　美洲水电概览

附图3（二）　美洲水电概览
（注：图中数据为常规水电装机容量与抽水蓄能装机容量之和）

143

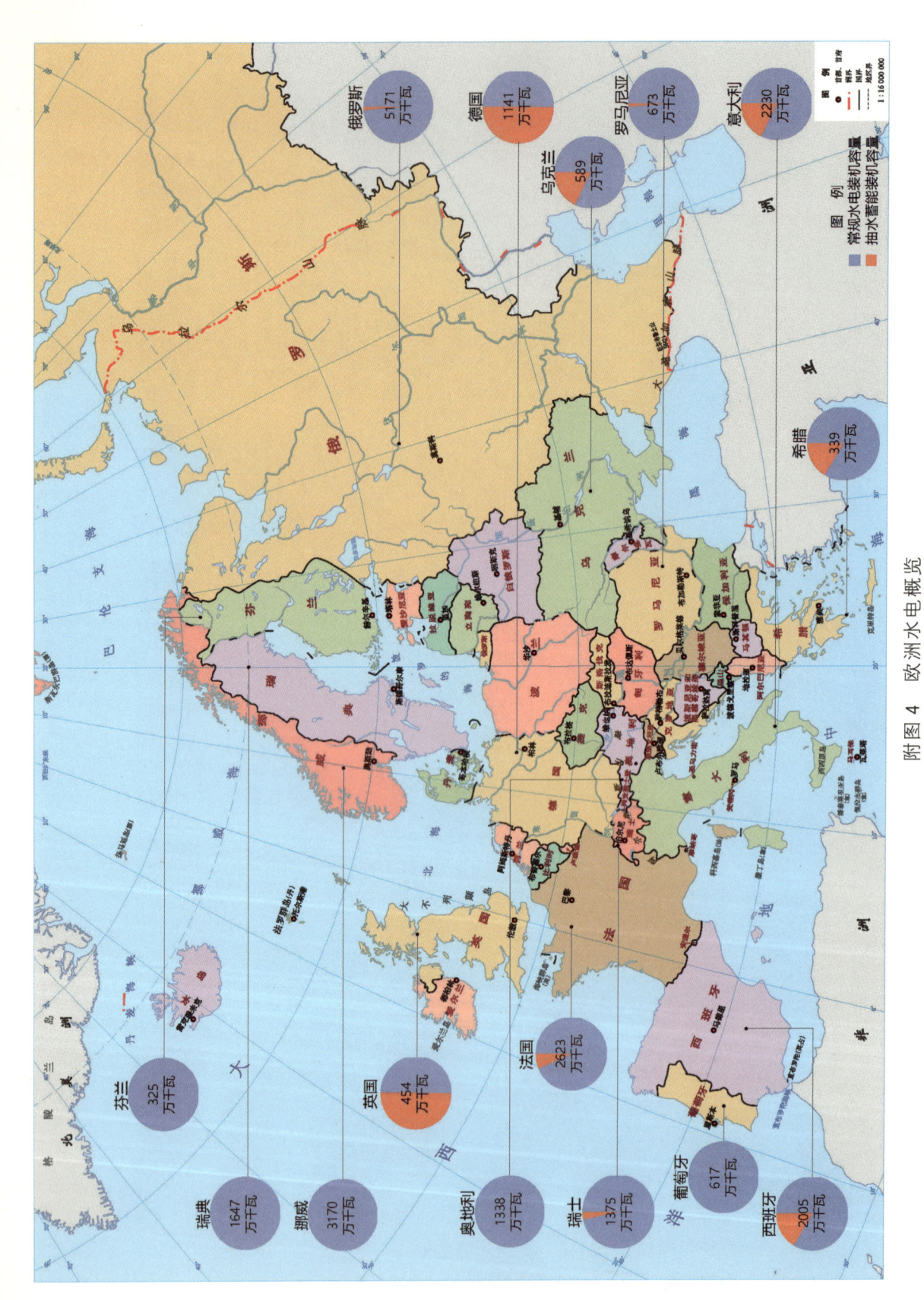

附图 4 欧洲水电概览

(注：图中数据为常规水电装机容量与抽水蓄能装机容量之和)

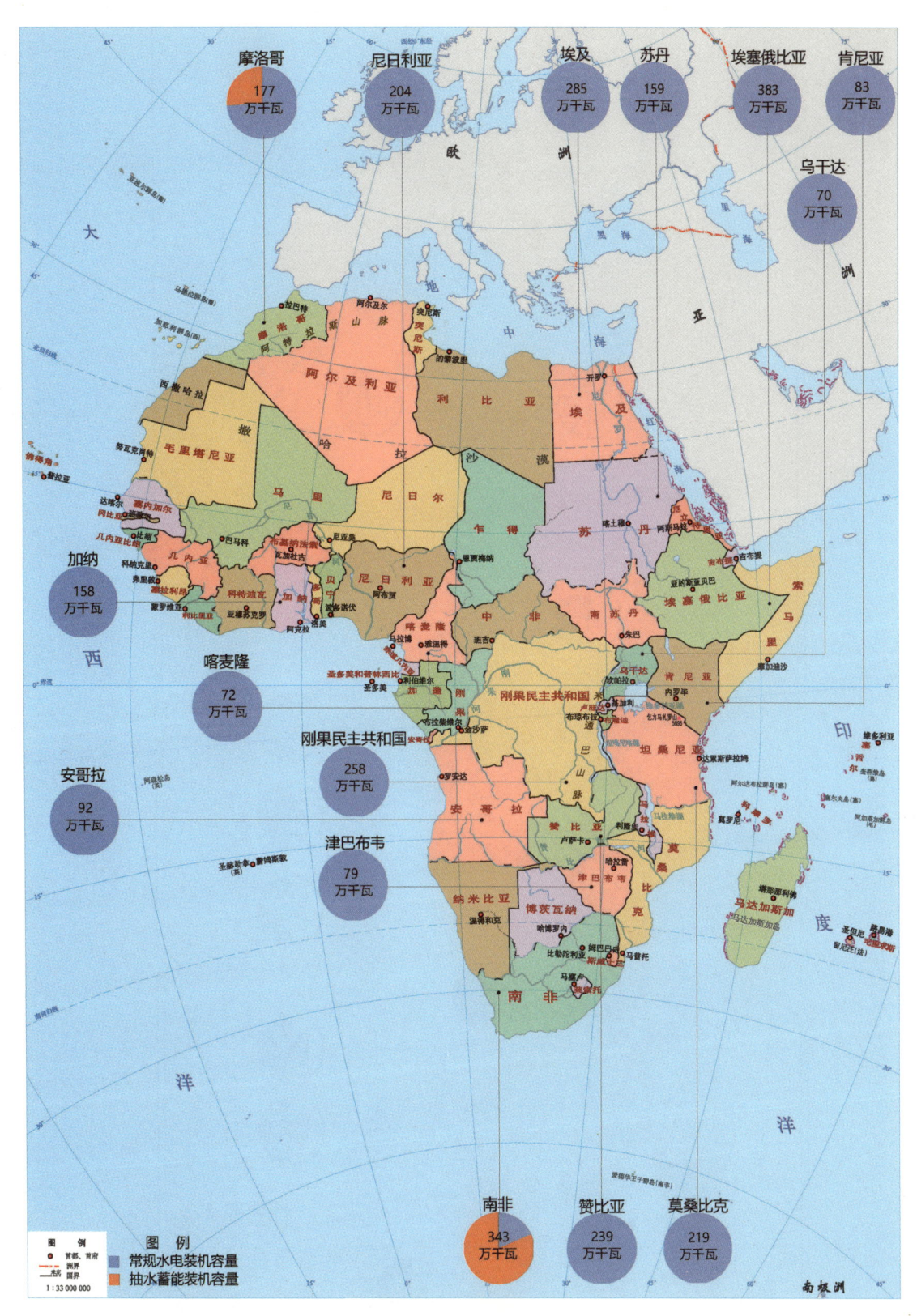

附图5 非洲水电概览
(注：图中数据为常规水电装机容量与抽水蓄能装机容量之和)

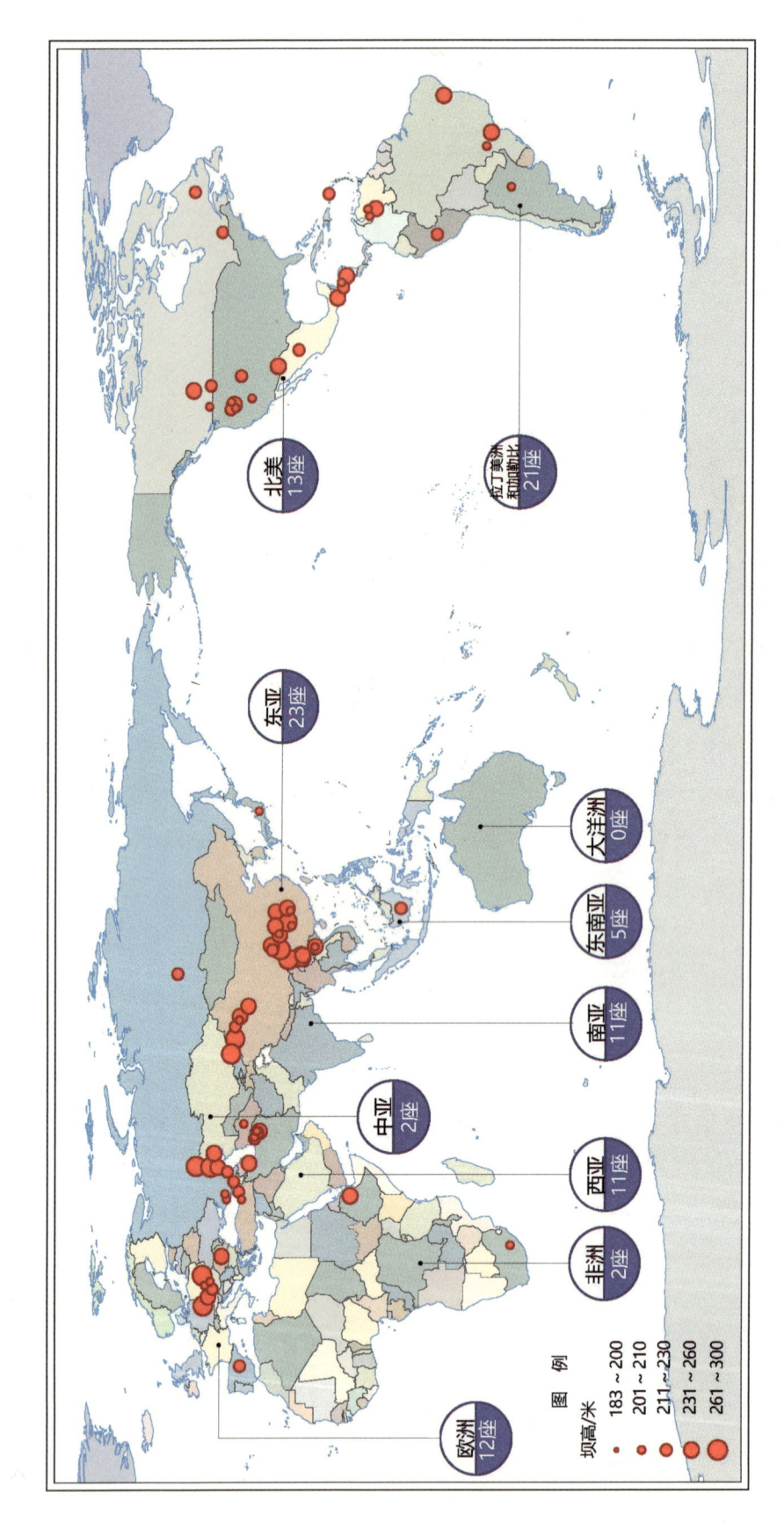

附图6　全球坝高前100名大坝分布示意图

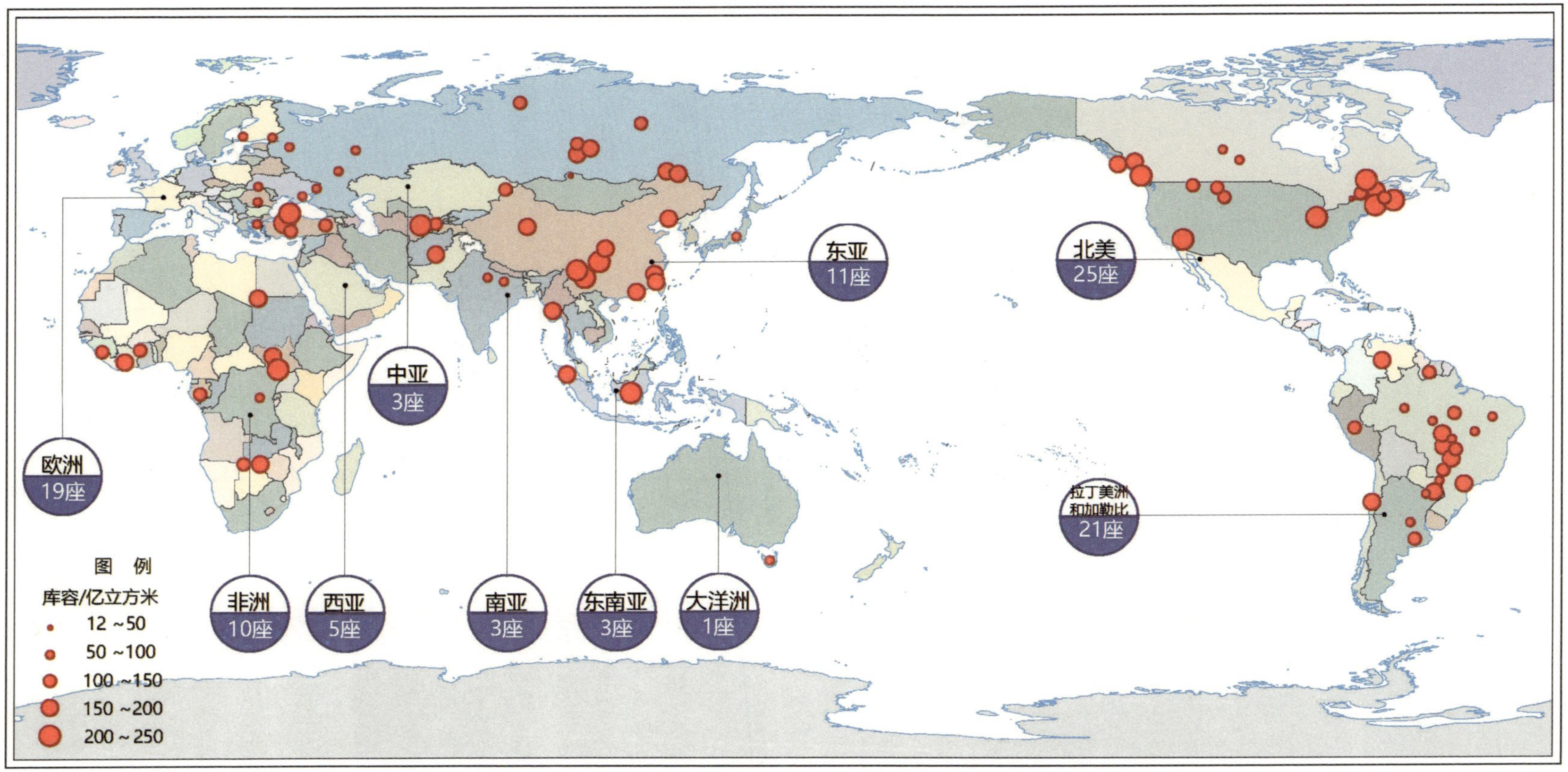

附图7 全球库容前100名大坝分布示意图

参 考 文 献

[1] Frankfurt School-UNEP Centre/BNEF. Global trends in renewable energy investment 2017 [EB/OL]. http://www.fs-unep-centre.org (Frankfurt am Main).

[2] IHA. Hydropower Status Report 2017 [EB/OL]. [2017-10-01]. https://www.hydropower.org/2017-hydropower-status-report.

[3] IRENA：International Renewable Energy Agency. Abu Dhabi：Renewable Capacity Statistics 2017 [EB/OL]. http://www.irena.org/publications/2017/Mar/Renewable-Capacity-Statistics-2017.

[4] IRENA：International Renewable Energy Agency. Abu Dhabi：Renewable Energy Auctions：Analysing 2016 [EB/OL]. http://www.irena.org/publications/2017/Jun/Renewable-Energy-Auctions-Analysing-2016.

[5] IRENA：International Renewable Energy Agency. Abu Dhabi：Renewable Energy Statistics 2017 [EB/OL]. http://www.irena.org/publications/2017/Jul/Renewable-Energy-Statistics-2017.

[6] IRENA：International Renewable Energy Agency. Abu Dhabi：Renewable Energy and Jobs Annual Review 2017 [EB/OL]. http://www.irena.org/publications/2017/May/Renewable-Energy-and-Jobs-Annual-Review-2017.

[7] N. M. SAMU, S. C. KAO, P. W. O'CONNOR. National Hydropower Plant Dataset, Version 1, Update FY17Q3. Existing Hydropower Assets [series] FY17Q3. National Hydropower Asset Assessment Program. Oak Ridge, TN：Oak Ridge National Laboratory [EB/OL]. http://nhaap.ornl.gov. https://dx.doi.org/10.21951/1326801.

[8] N. M. SAMU, S. C. KAO, P. W. O'CONNOR. 2015 NHAAP Energy Dataset Version 1.0 (v1). Oak Ridge National Laboratory, 2016 [EB/OL]. http://nhaap.ornl.gov.

[9] 中国电力企业联合会. 中国电力发展报告 2016 [M]. 北京：中国电力出版社，2017.

[10] ICOLD. World Register of Dams [EB/OL]. [2017-10-01]. http://www.icold-cigb.org/GB/publications/world_register_of_dams.asp.

[11] 国家能源局. 水电发展"十三五"规划 [EB/OL]. [2016-11-29]. http://www.nea.gov.cn/2016-11/29/c_135867663.htm.

[12] 全国水力资源复查工作领导小组. 中华人民共和国水力资源复查成果（2003 年）[M]. 北京：中国电力出版社，2004.

[13] 中国水力发电工程学会. 中国水电 60 年 [M]. 北京：中国电力出版社，2009.

[14] 中国电力企业联合会. 2016 年全国电力工业统计快报数据一览表 [EB/OL]. [2017-01-20]. http://www.cec.org.cn/guihuayutongji/tongjxinxi/niandushuju/2017-01-20/164007.html.